NECDOTES ABOUT BEER

ビール今昔
そもそも論

端田 晶
AKIRA HASHIDA

ジョルダンブックス

「まえがき」

私が最初にビールの本を出版したのは二〇〇六年でした。ピークだった一九九四年に比べてビール系市場は一割以上減少しており、第三のビールに最初の増税が課せられた年です。地ビールブームもとうに去っていました。「だから、ビールの本なんか売れないよ」と言われました。「そうだろうなあ」と思っていたら、やっぱりそうでした。

ところが近年、クラフトビールの頑張りのおかげでビール全体の注目度も上がってきました。売れない本を七冊書いてきた私にも「テレビ番組でビールの解説をお願いします」というお仕事の依頼があったりするのです。

ところが「クラフトブームですから私もビールの勉強をしています」と自慢したテレビ局の方が「生ビールって、誰がいつどこで発明したのですか」なんて質問をなさるのです。「紀元前三千年からビールは存在していますが、その頃はすべてが生ビールです」とお返事すると不満そうな顔で「そうじゃなくて、現代の生ビールって技術革新の成果ですよね。その生ビールです」などと補足なさいます。けっこう複雑な定義の問題にも関わるので、どう説明したら良いかしら、と私は迷います。だいたい一分以内の説明しか、テレビ局の方は聴いてくれないのです。

では本書が、そういった問題を解決するという使命感で書かれたのか、というと、そこまでの気合はありません。実は、正解のない問題も多いのです。ですから、のんびり読み進めて行くうちに、少し分かったような気になったけど、疑問の全ては解決されていないし、かえって増えちゃった疑問もある。そのくらいの着地になると思います。

いつも同じ言い訳をしていますが、ビールのウンチクが増えたから役に立つとか儲かるとか、期待されては困ります。知れば楽しくなるし美味しくもなる、という面はありますが、反対のことも起こります。なまじ気づいたせいで、むかっ腹が立つことも多いのです。税金とかね。

それでも、ビール好きの方は聴きたいことが沢山あるようです。講演の後の懇親の場では、ずいぶん多くのご質問を戴きます。嬉しいご意見も、そうでないのも含め、これもギャラのうちだと心を奮い立たせながら、できるだけ丁寧にお答えしています。頂戴した質問がコラムのヒントとなることも多く、極端に言えば、それを膨ませたのが本書です。

講演チケットを買って戴いた上に、ヒントまで頂戴できる私は幸せ者です。反対側から見れば、盗人に追い銭でしょうね。ふふふ。

こんな調子で、肩肘張らずにビールのことだけお話しています。注目のクラフトビールのことはもちろん、昔のビールの逸話や、今に通じる雑学、誤解されがちなことを原点から見直した「そもそも論」など、幅広いメニューを軽めに仕上げました。

「ビールの美味しさがわかるのは、酸いも甘いも噛みしめてきた大人だからさ」とビール飲みが自慢できるネタも仕込んでいます。ちゃんと読者サービスもしているのです。

「ビールが飲みたい気分だけど、やっぱり昼からはちょっとなあ」という時の暇つぶしに本書は最適だと思います。うんちく的なことが多いので「へえ」とか「ほお」とか何度も思って戴けることは保証します。

その挙句、どんどんビールが飲みたくなって「早く夕方が来ないかしら」と時計を見たりすることになるでしょう。

それが私の狙いです。ビアホールでお待ちしています。

二〇一八年　初夏

目次

第2章 昔のビールも面白かった

第3章 いつでもビールは嬉しい

第４章 ビールのそもそも論

第1章

今のビールのお楽しみ

OLD AND NEW ANECDOTES ABOUT BEER

OLD AND NEW ANECDOTES ABOUT BEER

「昔は良かった」

若い世代を中心にクラフトビールが盛り上がりを見せています。常連が集うビアパブでは、年齢の離れたクラフトファン同士が親しげに語り合う光景も見られます。趣味は年齢の壁を簡単に飛び越えますね。

一方、ブームという言葉は反感を買いやすいようで「いやだねえ、すぐ新しいものに飛びついて。昔からのスタンダードなビールの美味さが分からないのかね」などと批判する方がいます。そう言いながら、バブルの頃に発売されたブランドを飲んでいたりして、当時を知る私は、それほど昔じゃないのになあ、と思ったりします。

ところで、クラフトファンに対して「新しいものに飛びついた」という若者批判の典型みたいな言い方は当たっていません。実は、クラフトの方が古いのです。

ビールが手工業、つまりマニュファクチャーからインダストリーに変わったのは産業革命の時で、大英帝国の都ロンドンでのことでした。そしてビール産業は順調に成長し、第二次大戦以後にはオートメーション化された大規模工場へと驀進します。アンハイザー・プッシュ社がバドワイザーの工場を米国内に八カ所も一気に竣工したのは、戦後すぐのことでした。

その陰で中小のビール醸造所は圧迫されていきます。イギリスではビッグシックスと呼ばれる大手六社がシェア八割を占め、十九世紀前半に二万社を数えたビール醸造所は二百社に減りました。アメリカでも千社を超えていたビール醸造所が、戦前の禁酒法と、戦後のナショナルブランドの躍進によって中小が廃業に追い込まれ、その総数は百社を切りました。その後、クラフトビールが勃興したため、現在はアメリカで約五千社、イギリスで約千三百社と盛況ですが、中小のビール醸造所は一時は本当に絶滅危惧種だったのです。

この中小企業こそクラフトの先祖です。ドイツやベルギーなど圧倒的な大手が育たなかった国には、クラフトの先祖はたくさん残っています。

大手のアンチテーゼとして登場した英米のクラフトブルワーたちは、伝統への回帰を目指しました。アメリカのクラフトビールの始祖フリッツ・メイタグは、十九世紀にアメリカで生まれたスチームビールの復活に挑みました。ジム・クックが世界最大のクラフトビールに育てたサミュエル・アダムスは、彼の先祖が書いたレシピから造られました。今日のクラフトの花形であるインディア・ペールエール、通称ＩＰＡも十八世紀に始まっています。そして、アメリカのブルワーズ協会が定めたクラフトの三条件には「トラディショナル」が含まれ「伝統を独自に革新する」という注釈が付いています。ちなみに残る二つは「小規模」と「独立性」で、後者は大手酒類資本による投資が四分の一未満であることです。

伝統を重んじますから、日本のクラフトブルワーたちも闇雲に創作したりしません。きちんと伝統的ビアスタイルに則った上で工夫を加えています。その辺りはクラフトファンも心得ていて、クラフトブルワーが自分のビールを説明するイベントでは、伝統と革新のバランスに質問が集中します。

実際、日本のクラフトファンは伝統的な醸造法に詳しいので、ビール検定の問題を作成している私も気を使います。というか、困っています。ビール検定の一級合格者を「びあけんマスター」と称しますが、特に若いびあけんマスターたちの勉強ぶりには脱帽せざるをえません。

意外に思われるでしょうが、クラフトファンは大手のスタンダードビール中心の老舗ビヤホールが大好きです。長年に渡って究められた品質管理や注ぎ手の技術を高く評価している、とも言えますが、もっと単的に言えば、美味いビールが飲める場所を知っているのです。ビール検定の受検者との雑談でも、ライオン銀座七丁目店の注ぎ手の名人海老原清さんや、同じくニユートーキヨーの八木文博さんたちの噂は頻繁に出てきます。ニユートーキヨーの森一憲社長に伺ったのですが、実際に若いお客様が増えているそうです。

最近では、注ぎ方次第でビールの味を変えてみせるというお店も出現しています。これも伝統回帰の一種で、実際に戦前のサーバーの復刻版を使用したりして、若いビール党の注目を集めています。

お分かり戴けましたか。クラフトは新しがりのブームではありません。堅苦しく言えば、ビールを近代産業から手工業に回帰させる試みです。

柔らかく言えば、若者が「昔は良かった」と言っているのです。

「ビアパブでの通っぽい注文」

あるパーティーで、いかにも企業戦士という雰囲気を漂わせた五十代の部長さんから質問を戴きました。

「最近、会社の近所にビール専門店ができましてね。若い連中がそこでビールを勉強しているらしいんですが、一体ビールの何を勉強するんでしょう」

恰幅が良くビールの量なら負けないという部長さんは、自分を差し置いてビール談議にふける若手に不満そうです。

この話題になったのは近年流行のビアパブ。ビールが何十種類も飲めるのが売りです。多様な味や香りを楽しむだけでなく、原料や製法や歴史を知ると一層味わいが深くなります。ですから趣味として勉強するお客さんも多いのです。同じビールを飲み続けて、特に味を論じることもなく仕事の話ばかりする部長さんとは対極なので、誘われないのも分かります。

もちろん実際はもう少し婉曲に回答しましたが、部長さんは何十種類ものビールと聴いて興味津々。

「勉強のために若手に連れて行ってもらいます。何十種類もあるんですか。楽しいな。でも変な注文をして馬鹿にされませんかね」

偉い人はいろいろ気を使うものですね。確かに築き上げた権威が蟻の一穴、ビールくらいで崩れては大問題です。そこで私は、普通のピルスナーとは香味が異なる二種類を紹介しました。飲みやすさが両極端の二つです。

飲みやすいほうはベルジャン・ホワイト。ベルギーの白ビールです。小麦麦芽を加えているので小麦独特の淡い酸味があります。さらにオレンジピールとコリアンダーで香りが付加されています。ホップの香りも苦味も抑えられていて、ビールの苦さを嫌う女性にも抵抗無く楽しんで頂けます。

本場ベルギーではヒューガルデンが有名ですね。アメリカのクラフティで一番売れているブルームーンや、サッポロのホワイトベルグもこのタイプです。ちなみにクラフティとは大手メーカー系のクラフトっぽい商品のことを指します。

一方、飲みにくいのがインディア・ペールエールです。通称IPA。名前の通りインドが関係しています。世界史の教科書にあった一六〇〇年の英国東インド会社成立って覚えていますか。以後、インドには多くの英国人が駐留しますが、あいにくヒンズー教は禁酒です。酒は本国から送るのですが、ビールは長い航海の間に腐ってしまいます。そこでアルコールを高め、防腐剤でもあるホップを何倍も使ったIPAが開発されました。この苦味と高アルコールによる強烈な飲み応えがビール通にも受けたのです。インド向けのはずでしたが英国内でもヒットしてしまいました。

この苦味がたまらない、とビール通は言います。どんな分野にも素人を排斥する壁はありますが、ビールではIPAがその役目です。だから素人が知らずに注文すると、あまりの苦さで、口に含んだ瞬間に固まったりします。もっとも近年のアメリカのIPAはさほど苦くなく、ホップの香りを楽しむものに変わってきました。とはいえ、油断は禁物です。お店の方に確認してくださいね。

そんな説明をした上で、最初の一杯にはベルジャン・ホワイトをお勧めしました。固まる心配は無いし、さりげなく「ベルジャン・ホワイトのお勧めを何か」なんて注文すれば、ずぶの素人とは思われないはずです。

二杯目には普通のピルスナーを。その次にはエールを。そうやって少しずつ飲み応えのあるタイプに代えていくのが王道の飲み方です。鮨なら白身からトロとか、ワインなら白から赤へという原則と一緒です。何杯も飲むなら、ピルスナーを何種類か探索すればいいのです。間違ってもＩＰＡには手を出さないように。

そんな助言をしましたが、後で心配になったのは部長さんが歴史好きなことでした。東インド会社のくだりが妙に受けたのです。歴史好きは雑学好きですから、ビアパブで酔ったらこの話をしそうな気がします。その話の流れでＩＰＡを注文する羽目になったりしないかな。

でも、この偉そうな部長さんが若手の前で固まるのも、ちょっと見たいような気がします。ふふふ。

「税金と夢」

この四月一日からビール税が一部改正されました。でも一般的なビールの値段は変わりません。今回はビールと発泡酒の定義の境界線が変わるのです。

まず「ビールの麦芽比率の下限が百分の五十まで引き下げ」られます。普通のビールのラベルには「米、コーン、スターチ」などと表記してありますね。こういった麦芽以外でデンプン供給源となるものを「副原料」と呼びます。副原料ゼロのエビスビールなどを麦芽百パーセントビールと呼びますが、それ以外は副原料入りなのです。

麦芽比率とは、麦芽と副原料の合計重量の中での麦芽の比率です。従来は、ビールなら三分の二以上は麦芽を使いなさい、それ以下は発泡酒と呼びます、という決まりでした。それが二分の一に下げられたのです。麦芽が少なくてもビールを名乗れるならメーカーはお得じゃないの、と勘繰られそうですが、そんなことはありません。現在の主力銘柄の味わいを変えないためには、麦芽比率は下げられません。

今回の改正で、麦芽三分の二と二分の一の間の新製品が新たにビールと呼べるようになりました。発泡酒からビールに変更されたので増税、と思われそうですが、実は以前から麦芽二分の一以上の発泡酒はビールと同額の税金を課せられているので、ここは単純に名称が変わるだけです。

むしろ問題はクラフトビールのほうなのですが、それは後述します。

ビール税改正のもう一つのポイントとして「麦芽の重量の百分の五の範囲内で使用できる副原料として、果実及び香味料が追加」されます。これまでの副原料はデンプン供給源の穀物ばかりで、香りや味に直接影響するものは含まれていませんでした。ところがクラフトビールがブームとなり、ベルギーなどの多様なビールが日本でも知れわたると、あの国際的な名品が日本ではビールと認められないのか、と不思議がられるようになりました。ですから、この改正は世界のビール事情に日本が追いついたという意味で、当然のことでした。

この「果実及び香味料」の詳細な説明を見ると、果実には乾燥、濃縮果汁などを含みますし、香味料にはコリアンダー、胡椒、シナモン、クローブ、山椒他香辛料、カモミール、セージ、バジル、レモングラス他ハーブ、甘藷、かぼちゃ他野菜、そば又はごま、蜂蜜、食塩又はみそ、花又は茶、コーヒー、ココア、かき、こんぶ、わかめ又はかつお節、と多岐にわたって例示されています。随分いろいろ挙がっていますね。何でこんなにあるかと言うと、これまで実際に造られたものを網羅しているからです。

まさか味噌、まさか昆布と思われるでしょうが実在しました。いえ、多くは今でも販売されています。ネット検索で簡単に見つかります。お取り寄せも可能です。味の分からないものを箱単位で買うのは、とお考えなら、各県のパイロットショップや、デパートの物産展など、探せばチャンスはあるものです。

おっと脱線してしまいました。こうして実績のある原料を列挙し、それらを使った発泡酒は、これからは揃ってビールになりなさい、と言っているのです。

こうしてビールと発泡酒の境界線が変わると、製造免許に影響が出ます。ビールの製造免許は、年間六十キロリットル製造可能な設備が前提ですが、発泡酒は十分の一の年六キロリットルで済むのです。設備投資額が一桁違いますし、一日当たり二十リットル売れば達成可能なので、パブ一軒でも成立します。

醸造設備を備えたビアパブをブルーパブと呼びますが、その多くはビールでなく発泡酒免許を取得しています。もちろん麦芽百パーセントビールは製造できませんが、麦芽の量を三分の二以上使ってもビールに使えない副原料を入れることで、発泡酒でも十分に美味しいものを造れたのです。

ところが、そのほとんどがビールになると、これから新しく発泡酒免許を取得した人が造れるのは、麦芽二分の一未満か、果実及び香味料五パーセント以上の発泡酒だけです。これで美味しいものを造るのは大変です。また、新しい副原料に含まれていないものを開発する、という手もありますが、変な味にはできませんから、これも易しくはありません。まあ、それを極端に少なくして味の影響を減らす、という方法はあります。

クラフトファンは一度くらい、いつかはブルーパブのオーナー兼ブルワーになりたい、なんて夢を抱くものです。今回の改正で、その夢は少し遠くなりました。ビールの製造免許を六キロに下げてくれれば、簡単に夢は復活するのですがねえ。

「クラフトに二つの壁」

人気のクラフトビールですが、一九九四年の解禁当時は地ビールと呼ばれていました。それが英米と同じくクラフトビールと呼ばれるのは、実態が変わったからでしょうね。地ビール解禁の時は、地元の新しい名産品を作る村おこしが目的でしたから、地酒と同じ流れで地ビールだったのです。でも、村おこしありきで開業した地ビールの中には、地元の日本酒メーカーの技術者が無理やり派遣された、という事例も耳にしました。つまり、本気でない人によって造られた地ビールもあったのです。

今日では、ビールを究めたいと専門に勉強してから起業する例が多くなりました。彼らの職人気質、つまりクラフトマンシップが認められて呼び方がクラフトビールに変わったのでしょう。

日本のクラフトビール醸造所は約二百八十社あります。ビール市場全体から見ると、数量ベースで〇・七パーセント、金額ベースで一・五パーセント程度です。

しかし、イギリスでは約千三百社、アメリカは約五千社と言われます。特にアメリカでのクラフトの市場シェアは、数量ベースで十二パーセント、金額ベースでは二割を超えています。クラフトの成長は、消費者には多様性という楽しみを提供し、産業としては高価格の商品を生み出しています。つまりビールの付加価値の向上に貢献しているのです。

しかし日本でも総需要の一割に成長できるか、となると私は否定的です。その要因は二つあります。一つは小規模醸造所向けの減税措置です。装置産業であるビールは大手ほどコスト削減が可能になります。だからクラフトを減税して少しでも不利を解消するべきなのです。

イギリスは二〇〇二年にブラウン首相がプログレッシブ・ビア・デューティーという法律を

制定し、最大五割の減税としました。

アメリカでは一九七六年に二百万バレル以下の醸造所に減税が施されました。バレル当たり標準課税額九ドルに対して、最初の六万バレルまでは七ドルに減税しました。その差わずか二ドルとはいえ六万バレル分ですから総額十二万ドル、千二百万円以上に相当します。さらに標準課税額が十八ドルに増税されても、七ドルは据え置かれました。つまり減税総額が五千万円以上に増えたのです。これだけ減税されるなら、思い切った投資にも回せます。

日本では、千三百キロリットル以下の小規模醸造所について、減税対象は二百キロリットルで、減税幅は最大十五パーセントです。一キロの税額は二十二万円。その十五パーセントの二百キロ分は六百六十万円です。それが最大ですから、倒産させないオマジナイみたいなもので、これでは産業育成には繋がりません。

日本のクラフトの成長を妨げるもう一つの要因は自家醸造の禁止です。イギリスは一九六三年に自家醸造が無税化され、アメリカも一九七九年に上限付きで解禁されました。成人二名以上の標準世帯では年間二百ガロン、七百六十リットルまで醸造可能です。一日二リットル、けっこう飲めますよね。

実は自家醸造を楽しむホーム・ブルワーたちから多くのプロが生まれているのです。アメリカ二位のクラフト銘柄シェラネバダ・ペールエールを造ったケン・グロスマンもその一人。創業の理由は、カスケード・ホップの香りに魅せられたから、というファン気質です。日本でも人気が出てきたブルックリン・ラガーのスティーブ・ヒンディも、自家醸造にのめり込んでジャーナリストから転職しました。自家醸造はプロを育てる温床となりますから、ぜひ解禁してほしいものです。

この二つの壁は、いずれも酒税法を改正すれば解決します。日本のビール文化のために、税務当局の英断を期待したいところです。ええ、大手メーカーの人間もクラフトの隆盛を願っているのです。だって、ビールファンの楽しみが広がってこそ、すべてのビール関係者にチャンスが来るのです。

「米国麦酒雑誌」

クラフトビールが人気になったおかげで、日本でもビール専門誌が出てきました。佐々木久子編集の「酒」が昭和三十年創刊ですから、清酒に遅れること半世紀。もちろん欧米は先行しています。では先行する米国の『オールアバウトビア』二〇一五年五月号を覗いてみましょう。

まずはニュース。アンハイザー・ブッシュがシアトルのエリシアン醸造所を買収したとか、ギネス味のポテトチップが発売されたとか、セントルイスのチェスナット醸造所がドイツ・ババリアに新たな醸造所をオープンしたとか。米国のクラフト・ブルワリーの本場進出というのは快挙ですね。いや、青い目の蕎麦職人が信州に出店した、と考えると複雑かな。続いては新製品紹介で、クラフト中心に七十八銘柄もあります。大盛況ですね。

最初の特集は「フルーツビアーズ」です。かつては邪道とされたが、最近は醸造家の注目を集めている、と始まります。「果実はビールに甘味、酸味、香りを与え、さらに野生酵母を供給する場合さえある。発酵後の貯蔵熟成工程で使われる場合もあるが、多くは発酵前の麦汁に混ぜられる。朝摘みの果実を素早く処理しないと酸化するので要注意だ」

そして具体的に色々な果実の使用例を紹介しています。まずは桃です。白桃は甘味を、黄桃は酸味を足す、といった一般論の後に、ペシェンブレットという銘柄を紹介しています。このビールは桃果汁によってアルコールを八度から十度に上昇させているのです。

次はブレッドフルーツ、つまりパンの実です。南太平洋の島々の特産ですが、ハワイ・マウイ島のマレッロという銘柄は、パンの実だけでメロン、ジャックフルーツ、シトラスの香りを出しているそうです。

次はイチジク。ポートランドのカスケード醸造所では、イチジクを細かくスライスしてシャルドネの樽で熟成されるビールに直接投入し、甘味抑制にレモンピールを少し加えるのだそうです。一体どの香りが勝つのでしょう。

四番目に紹介されたのは柚子で、ベルリン名物のベルリナーワイスに加えた例を紹介しています。このタイプのビールは通常のアルコール発酵と並行して乳酸発酵もさせるので、強い酸味が特徴です。乳酸の単調な酸味に柚子が複雑さを加えていると高評価です。

さらにチェリー、アプリコット、西瓜なども紹介されています。

次の特集は「メンバーズオンリー」という思わせぶりな題。面白いビールはもうスーパーマーケットの棚では見つからない、と挑発的に切り出して、クラフト・ブルワリーと消費者を直接結ぶ会員制通信販売を紹介しています。年会費は百五十ドルから八百ドルくらいで数本から数十本が届きます。一本平均二十ドル以上も珍しくありません。こんな値段を出す人がたくさんいるなんて、ビール文化の成熟度が違いますね。

アメリカのビール関連博物館の特集記事ではホップ専門やボトル専門の施設も紹介されています。週末にインディアナポリスの十七の醸造所やパブを飲み歩いた、なんて記事もあります。

また、スタウトとポーターに絞って八十七銘柄の評価一覧が載っています。

注目のビールを、八人の専門家が二人一組で四銘柄ずつ試飲したレポートもあります。その一人は、全米のクラフトビール醸造所とホーム・ブルワーたちの組合であるブルワーズ協会を創立したチャーリー・パパジアン。こんな有名人でも地味に四銘柄を担当しています。

他にも色々な記事が載っています。全体に専門性が高く、技術用語も多用されているのは、自宅でビール造りをしている読者が多いせいでしょうね。二十四頁相当の広告を含めて全部で約百頁。値段は七ドル九十九セント。

私は激安だと思いましたが、あまり賛同は得られませんでした。オタク過ぎる、というのです。本書の読者なら、分かっていただけますよね。

「古き良きアメリカ」

規模は小さいけれど特徴的なワインを造っている醸造所をブティック・ワイナリーといいます。一九八十年代のアメリカでは、同様のビール醸造所をブティック・ブルワリーと呼んでいました。現在流行のクラフト・ブルワリーではなく、禁酒法以前から地域に根付いていた伝統産業としての小規模醸造所でした。クラフトの草分けと言われるカリフォルニアのアンカー・スチームも、フリッツ・メイタグが改革するまでは廃業寸前のブティック・ブルワリーだったのです。

一九八七年、私はミラービールの輸入を担当しました。ライトビール旋風を巻き起こした全米第二位のビッグ・カンパニーです。翌八八年、ミラーはウィスコンシンの田舎町チペワ・フォールのライネンクーゲル社を買収します。

私にはこれが不思議でした。当時のアメリカは大手が圧倒的に強く、ブティック・ブルワリーを欲しがる理由が見当らなかったからです。しかしミラー社の担当は「ライネンクーゲルには古き良きアメリカがある」と言いました。ミラー社だって十九世紀の創業ですが、やはり現在進行形のブランドです。伝統を強化するにはライネンクーゲルが必要なのでした。

これは一種のフルライン戦略ですね。良いブティック・ブルワリーのブランドで、輸入ビールやクラフトビールの台頭に備えていたのです。今のアメリカには五千ものクラフト・ブルワリーがあり、そのシェアは一割を超えています。その中でライネンクーゲルは、クラフトビールを欲しがる飲食店にミラー社が推薦する良い商材となっています。

さてブティック・ブルワリーは、やがて新規参入組と一括されてマイクロ・ブルワリーと呼ばれました。今日のクラフト・ブルワリーです。

ところで、クラフト・ディステラリー、つまり小規模のバーボン蒸溜所もあります。八十年代には全米のバーボンメーカーは数十社に減少したのに、今や五百社以上に増えています。

アメリカでは酒造りが人間の手に回帰しつつあるのです。近代的な大量生産の加工食品は、必ずしも健康や幸福をもたらしてくれませんでした。人間らしさを求めてオーガニックやスローフードが流行ったり、ロカヴォアという地産地消が注目を集めています。この流れが酒の手造り化の背景にあります。

ところでドナルド・トランプは史上最高齢で就任した大統領なんですね。私は子供の頃にケネディを見て「日本の総理大臣はお爺さんなのに、なんでアメリカの大統領は若くてカッコいいの」と質問しました。日本人は農耕民族なので長老に従い、アメリカ人は狩猟民族なので自ら戦えるリーダーに従う。学校の先生から、そんな説明を受けたと記憶しています。その後も、開拓者精神を発揮してアメリカンドリームを実現する、というサクセス・ストーリーをいろいろ見聞きして、なるほどアメリカ人は狩猟民族なのだ、と思い込んできました。

しかし、時代がくだるにつれてサクセス・ストーリーは影を潜めます。開拓者精神は希薄になり、誰もが巨大組織やマネー経済に包み込まれ、もはやアメリカで「私のボスは私だ」と明言できる人間は稀少になりました。

クラフト・ディステラリーの起業動機には「すべてを自分で決めたい」という志向がある、とリード・ミーテンビュラー著『バーボンの歴史』に書いてあります。大メーカーのお仕着せは嫌なのです。自分の仕事、自分のウイスキーのボスは自分です。責任もリスクもありますが、喜びも大きい。クラフトブルワーも同じでしょう。

権力の中枢において狩猟民族の魂が薄れる中、酒造りの現場では復活しつつあります。これは「古き良きアメリカ」の揺り戻しなのでしょうか。

「ベルギーのビール女子」

テレビ関係の方に伺いましたが、○○女子、○○ガールが生まれれば、その○○は流行るそうです。だって○○女子は絵になるからね、とのこと。なるほど、映像で紹介されやすいものが流行るのですね。

クラフトビールの流行はビール女子を生みました。私のトークショーでも女性は増えています。良く笑うし、良く飲むし、確かに絵になります。

さてベルギーには、クラフトビールの源流となった独特のビールがたくさんあります。まさに宝庫。ですから日本のビール女子にとっても一度は行きたい国なのですが、でもそこにビール女子は存在しなかったのです。

気づいたのはベルギーの女性ビールソムリエであるソフィー・ヴァンラーフェルヘムでした。彼女がビールを語りたくても、つきあってくれる同性はいませんでした。多くのベルギー女性はビールの代わりに白ワインやシャンパンを飲んでいたのです。その量は膨大で、カバというスペイン産スパークリングワインの輸入で、ベルギーをランクインさせるほどでした。

彼女たちがビールを飲まないのは先入観によるものでした。ビールは男性のもの。女性は白ワインやシャンパンを飲むほうが女らしいと思い込んでいたのです。ソフィーは百五十人以上の女性と面接して、ビールの味が好きなことを確認しました。さらに、ベルギー女性の九割が自国のビールを誇りに思っていることも分かりました。つまり先入観以外、女性とビールの間に壁はなかったのです。

しかしビールのマーケッターたちは、女性とビールは無縁だと考えてきました。従って女性に対するマーケティングは全く行われず、説明すら示されない彼女たちは、多様なベルギービールを前にしても何も選べずにいたのです。

そこでソフィーは、女性とビールを繋ぐ活動を始めました。彼女が指導する試飲会では、酵母臭や上面発酵といった専門用語は一切使わずにビールを語り合います。また、女性による女性のためのビールも開発しました。その一つであるエヴァは、米国カスケード種のホップによるシトラスやグレープフルーツの香りと、酵母由来のバナナや桃の香りを持ち、カバやシャンパンに代わる完璧な食前酒として設計されています。もう一つのデリリアは瓶内二次発酵のブロンドビールで、白ワインのシャルドネのような華やかさと、穏やかなホップの香りが特徴です。

この活動の延長で、毎年の国際女性デーの前夜に画期的なイベントが誕生しました。ベルギー醸造家連盟主催の「エイペロ・ナショナル」。二〇一五年三月七日午後六時半から一時間、全国の加盟店で女性ならビールが無料になりました。うらやましい。

これは国際女性デー前夜というのが上手なのですね。ベルギービールの販促なのですが、女権拡張へと視点をスケールアップさせています。脱帽。

ところで、女性向けビールのエヴァは、アダムとイブから名づけられたと容易に想像できます。ですから私は、もう一つのデリリアも神話由来だと考えました。そして勇者サムソンに復讐を果たす妖婦デリラに思い至りました。女権回復をイメージしたのです。

ところが英語が苦手な私ですから、やっぱり間違っていました。DELILAHではなくDELIRIA。譫妄（せんもう）という医学用語でした。これは意識混濁や幻覚が起きる症状のことです。

実は、デリリアの醸造を請け負ったユイグ醸造所の看板ブランドがデリリウム・トレメンスなのです。これは震戦譫妄。アルコール依存症患者の離脱症状で、譫妄に震えが加わった状態です。その妹分なのでデリリアでした。それにしても洒落がキツイなあ。

妹分ですからシンボルマークも引き継ぎました。ピンクの象です。アルコール依存症の代表的な幻覚ですね。でも、ベルギーのビール女子たちが持つピンクの象のグラスは、可愛くてお洒落でした。

○○女子は、やっぱり絵になりますね。

「ビール割るビール」

近頃、ビールが自由になってきた、と感じます。バリエーションが増えたので、日本には大手の似たようなピルスナーしかない、と言われたのが遠い昔に思えます。

あるお店で「黒泡三十円増し」という張り紙を見ました。生ビールが普通と黒と二種類あるのですが、普通の生に黒の泡を載せると三十円増しという意味なのです。楽しそうなので早速注文しました。劇的に変わるとは言いませんが、ちょっと香ばしさが増して美味しく感じました。確かにアイディアです。邪道ではありません。ハーフアンドハーフが五十対五十ではなく九十八対二になったと思えば良いのです。

ビールとビールを混ぜるのはタブーではありません。別のお店では、インディア・ペールエールを飲んでいたお客様が「ちょっと重すぎるなあ。飲みきれない」と言って、普通のピルスナーの小瓶を注文して割っていました。ビールの追い注ぎは厳禁です、なんて教えてきた身としては問題視すべきですが、どうも常識が変わってきたようです。同じピルスナーなら、泡の立ち過ぎにつながる追い注ぎ厳禁は正しいのですが、ここまで味を変えるなら、泡なんか些細なことでしょう。杓子定規に考えていたら時代に取り残されてしまいます。

昨年、盛岡のベアレン醸造所では、混ぜて比較試飲するためのビールの頒布会を企画しました。初回はホップの種類だけが違う四種類のビールが送られてきます。優しいシュパルタセレクト、柑橘系のハラタウカスケード、白ワインのようなブラン、爽やかな苦味のノーブルホップの代表ミッテルフリュー。瓶には番号とホップ名が記されています。私も数人のビール仲間と一緒に体験しました。皆、ビール検定一級受検レベルの猛者です。

少し脱線しますが、ハラタウはバイエルン州のホップ生産地で、ホップの品種名でもあります。カスケードはオレゴン州立大学で育種されたアメリカンホップの代表品種です。ですからハラタウ産カスケードという表記なら分かるのですが、ハラタウカスケードと続けられると居心地の悪い感じがします。実はブランやミッテルフリューも、ハラタウブラン、ハラタウミッテルフリューが正式名です。それと並んでいるので、正式名ではないハラタウカスケードを見ると違和感があるのです。すみません、年寄りの愚痴です。杓子定規に考えていたら時代に取り残される、と自戒したばかりなのにねえ。

閑話休題。まず数ミリリットルずつグラスに注いで香りを確認します。香りの表現は一致しますが、好き嫌いは見事に分かれました。何度も一緒にビールを飲んで感想を述べあい、嗜好を分かっているつもりなのに、と驚かされました。

その後は自由に混ぜて味わい、感想を披瀝しあいます。いろんな意見が飛び交う中、誰かが「二番と四番を混ぜると、二番の香りが単独の時より強く感じないか」という発見を報告。皆が追随して「なるほど」と賛意を示します。「二番を多くするより、ちゃんと半々くらいのほうが香りは強まるね」なんて進化した発見も報告されます。こういう発見は同意を得るのですが、好き嫌いとなると違います。私なんか発見したという事実に興奮して、これは凄い、実験した甲斐があった、これが本日の白眉だ、と過大な評価をしてしまうのですが、猛者連は冷静です。やっぱり何番の単独がナチュラルで落ち着く、なんて大人の感想をもらすのです。

せっかくのメンバーだから二回目も体験しよう、と取り出されたのは二本の瓶。片方はＩＢＵ四十の淡色ラガー、もう一方はＩＢＵ二十の濃色ラガーです。ＩＢＵは国際的な苦味の単位で、日本の普通のビールのＩＢＵは二十台前半ですから、四十はかなりの苦さです。逆に濃色ビールは味に厚みがあるので、苦味も強めにするのが普通ですが、それが二十なので苦味は薄く感じられます。この対極の二本をいろんな比率で混ぜて試すのです。これも好き嫌いが分かれて、甲論乙駁、蛙鳴蝉噪。侃々諤々、喧々囂々。ピーチクパーチク雲雀の子。

楽しく語らう内に、ビールを混ぜることに何の抵抗もなくなっていることに気づきました。

ちょいと苦手だったＩＢＵの高さを競うような特殊なビールも、普通のビールで割ってみよう、特徴を活かしつつ飲みやすい比率を探してみよう、というアイディアが浮かんできます。
そうか。混ぜれば可能性は無限に広がるのだ。せめて還暦前に気づきたかったなあ。

「噴いてもフルーティーでもビール」

ビールは世界中で造られています。もちろんワイン大国イタリアにもビールはあります。その多くが淡い色合いで、軽く癖の無いビールです。食事と一緒に小瓶一本、が似合います。午後半休の日の遅めのランチで、小洒落たピザ屋さんのメニューにイタリアビールを発見すると、自分の理性の尻軽さに呆れます。ええ、飲むのです。

過日、面白いイタリアビールを入手したから、と同僚がテイスティングに誘ってくれました。試飲室に行くと、北部の某クラフト・ブルワリーの六種類のビールが並んでいます。極端な撫で肩の漆黒の瓶、ラベルとキャップシールが種類別に色変わりになっています。エールが二種類、さらにレッドエール、アンバーエール、トリプルモルト、スタウト。そのカラフルな隊列を眺めるだけでワクワクします。

テイスティングの順番は、淡色の軽い味わいのものから始めて、濃色で旨味たっぷりのものへと進みます。簡単に言えば、キレからコク、ということです。

まずエールの一本の王冠を抜きました。

シュウウウウワワワワー。

泡がどんどん溢れ出て、あっという間に三分の一が流失してしまいました。開栓と同時に泡が溢れ出す現象をビール用語で「噴き」といいます。慌てて清掃してから試飲しました。

まず香りに驚きました。リンゴやアンズに似たエステル系の香りなのですが、ビールの範疇を超えた強さなのです。口に含むと案外味わいは淡く、うっすら甘さは漂いますが、ホップの苦味は感じません。そしてとにかく炭酸ガスが弱い。まるでシードルかスパークリングワインのようで、こんなに果実感のあるビールは始めてでした。世界には色んなビールがあるものです。

次にレッドエールを開栓しました。

シュウウウウワワワワー。

また、噴きで二割が流失です。さて今度は色が濃いだけあってコクも苦味も少しは感じますが、基本的にはワインの世界です。

三本目はトリプルモルト。これがまたまた、シュゥゥウワワワー。噴きで三割が流失。三本連続なので、技術者たちの注目は、もはや味より噴きに移ってしまいました。

「これは故意に噴かせているのかもしれないな。シャンパンみたいな景気づけに」

「確かに、この弱いガス圧で三本中三本が噴くのは変だね」

「これは噴き過ぎだけど、では確実に少しだけ噴くビールは造れるかい」

彼らの探求心は、生肉に反応するピラニアみたいなものですから、たちまち議論百出。理解不能の技術用語が飛び交い、私は諦めて別のビールを飲み始めました。後で聞いたら、できるけど噴き具合の制御が難しいそうです。

ビールが噴くという現象は、昔から知られています。なにしろビールの炭酸ガスは飽和量に対して、摂氏十度で百七十～二百二十パーセント、摂氏二十度なら二百四十～三百パーセントという過飽和状態なのです。だから、ちょっとの刺激で一気に気化するのです。

その刺激の核になるものとしては、麦芽につくカビの成分や、ホップの成分がイソ化したもの、錫や鉄などの金属イオン、シュウ酸カルシウムの結晶、洗浄不良瓶の内壁の異物などが知られています。もちろん、飲む前にゴツンとぶつけた、振動を受けた、なんて物理的刺激もあります。昔はこれが重視されたので、冷蔵庫では振動の大きいドアポケットに入れないでください、噴きの原因になります、なんて指導したこともありました。

こういった要因を使えば人工的に噴きは起こせます。だけど、例えば流失量を一定に制御する、となると格段に難しいそうです。第一、温度がお客様任せですからね。これは文科系でも容易に想像がつきます。

噴いて、フルーティーで、淡い甘みがあって、それでもビール。これがイタリアの柔軟さなのでしょうね。世界は広いなあ。

でも、私はやっぱり正統派ドイツビールのホップの香りに魅かれます。明治以来、それを目指してきた会社にいるのですから、喉に刷り込まれているのです。

第二次大戦後に、ドイツの酒場で日本人と見ると言われたという、有名なジョークを思い出しました。

「今度はイタリア抜きで組もうぜ」

「ビールだけの店」

日本初のビヤホールは、明治三十二年八月四日に銀座で開業しました。恵比寿ビールＢｅｅｒＨａｌｌです。ここのメニューは、ビール半リーテル十銭、四半リーテル五銭の二つだけ。つまり、ビールだけの店だったのです。

それから一世紀以上経って、広島に再びビールだけの店が誕生したのです。その「ビールスタンド重富」は中四国一の繁華街、流川にあります。酒販店の一角の立ち飲みスペースで、営業時間は午後五時から七時までの二時間だけ。飲食店の邪魔しないゼロ次会の店なのです。そしてビールは一杯五百円で一人二杯まで。おつまみ無し。さっさと飲んで、行列する人々と交代するのがお作法です。

店内には戦前の氷式冷蔵庫を改良したビールサーバーがあり、そこで店主の重富寛さんがビールを注いでいます。客は十人がせいぜい。提供されるのは大手各社のスタンダードビールで、一日一種類ですが、注ぎ方を変えることで十種類以上の味わいが生み出されます。だからビールだけの店に行列ができるのです。

ビールサーバーは二種類で、一つは多くの飲食店にある普通のタイプ。コックを手前に倒すとビールが、奥に倒すと泡だけが注がれます。ビール党なら、最初にビールを注いで、最後に泡だけ載せる注ぎ方を見たことがあるでしょう。

もう一つのサーバーが曲者なのです。戦前に使われていたサーバーの復刻版で、その特徴はスイングカランです。コックをひねるとビールの通路が繋がり、戻すと遮断される。これだけの単純な仕組みです。コックの動きが水平方向の回転なので、スイング式と呼ばれます。このサーバーのホースは直径九ミリ。現代の標準は五ミリですから、流量は四倍弱となります。当然コントロールが難しくなります。そして長さは三十メートルと、これまた異常に長いのです。実は長いホースを通ってくる内にビールの流れが穏やかに整ってきて、コントロール可能になるのです。

では代表的な注ぎ方をご紹介します。まずは「一度注ぎ」です。ニユートーキヨーやライオンなど、戦前から伝わる日本のビヤホールの原点とも言える注ぎ方です。スイングカランを全開して、一呼吸で注ぎきります。泡の高さをピタリと揃えるのは、まさに職人技。グラスの側壁に沿わせてビールを回転させ、泡をコントロールしているのです。重富さんはライオンの海老原清さんの押しかけ弟子になって学んだそうです。一気に飛ばした炭酸ガスとともにホップの香りが立ち、爽快な喉ごしに魅せられます。

もう一つはドイツ風の「三度注ぎ」です。泡をこぼすギリギリまでたっぷり立てて一度目を注ぎ、泡が落ち着いたら同様に二度目。さらに泡を盛り上げる三度目を注いで完成。肌理細かく豊かな泡の下のビールは、あくまでもマイルド。滑らかに喉をすべり落ちていきます。

これは炭酸ガスとホップの苦味成分のコントロールから生まれます。炭酸ガスが抜けて喉への刺激が減るのは分かりますよね。問題はホップ。その苦味成分は泡に多く含まれますので、それをこぼしながら注げば、苦味成分が減ってマイルドになるのです。

他にも、やや勢いよく注ぎ、泡が少し落ち着いたところで注ぎ足す「二度注ぎ」や泡だけの「ミルコ」など多彩な味わいで飽きさせません。

代々の酒屋さんで、お祖父さんが広島に生ビールを紹介したという重富さんは、生ビールで広島を元気にしたい、という思いで美味いビールを追究し、戦前のスイングカランに出逢いました。その復刻のために、ヱビスビール記念館のサーバーの展示を見つけて、ガラス越しに寸法を計ったそうです。少し自慢すると、拙著『美味いビールは三度注ぎ』も参考にしたと重富さんは言ってくれました。記念館のサーバーを計った代わりのお世辞ですね。

でも広島は遠いなあ、という方も多いでしょう。重富さんは各地のビールイベントなどに出張して注ぐことがあります。また、東京の中野にはお弟子さんの店がありますので、探してみてください。

重富さんの言を待つまでもなく、美味い生ビールは明日の仕事の活力です。それによって広島が元気になるのは結構ですが、その勢いでカープに優勝されては、巨人ファンの私には嬉しさ半分です。

「台湾のクラフトビール」

台湾のクラフトビールを紹介している台湾語の本を入手しました。大学受験で培った曖昧な漢文読解力とビールの知識で強引にご紹介します。

タイトルは『台湾精釀啤酒誌』で啤酒とはビール、精釀啤酒はクラフトビールのことです。目次をみると、第一章「啤酒入門速成班」は僅か十七ページで、製法や歴史を解説しているビール早わかり的な内容です。第二章「MIT精釀啤酒」は二百ページ弱に渡って二十社のクラフト・ブルワリーを紹介しており、本書の中心です。MITとはメイド・イン・タイワンを意味します。第三章「啤酒暢飲地図」はビアパブやビアレストランのリストです。僅か七ページに、約八十店の店名、住所、電話、営業時間と三行程度の紹介が載っています。面白いのは、業態によって「瓶装啤酒専売」「拉把生啤専売」「瓶装＋生啤」に大別されることです。「拉把：ラーパー」とは「引く」ということでドラフト、つまり樽生ビールです。瓶の店、樽の店、混合型に分かれるのは日本も同じですね。

さて第一章は「クラフトビールとは何か」「その歴史」「台湾での歴史」「原料」「醸造工程」「グラス」「注ぎ方」「保存」と分かれています。やはり「台湾での歴史」が知りたいですよね。以下は抄訳です。

二十年前にベルギーの修道院ビールのシメイやオルヴァルが上陸。ベルギーのカフェにならって喫茶店で販売されました。そして二〇〇二年の「初次開放小型醸酒」つまり地ビール解禁により、これを藍海市場、つまりブルーオーシャンだと見た資本家たちが次々と参入します。金色三麦、ジョリー、台精統、麦晶などのブルワリーが創業しました。

二〇〇七年には、米国のクラフトビールブームに台湾の酒類輸入業者の注目が集まりました。その牽引車であったアンカー・スチーム・ビールが台湾に上陸します。昨年、サッポログループの一員となった、あのアンカー社です。またシアトルからエリシアンビール、英国からフラーズやサミュエル・スミスも輸入されました。

二〇一五年には「精醸啤酒嘉年華：クラフトビールカーニバル」も開催され、さらに台北に十数種類のクラフトビールの樽生が飲めるビアパブ「啜飲室：チュオインシー」が開店して大人気となりました。

今日では米国のシェラネバダ、ストーン、バラストポイントや英国のソーンブリッジなども入ってきました。台湾のクラフトブルワーも多くなり、その実力も向上し、台湾産のホップも使われています。二〇一六年には世界中でカリスマ的人気を持つデンマークのミッケラーが台北に「米凱樂啤酒吧：ミッケラータイペイ」をオープンしました。

一方、台湾の自家醸造は十数年掛かって根付きました。初期はドイツビールばかりでしたが、次第にアメリカのクラフトビールの影響を受け、アメリカンホップの香りと麦芽の豊かさを強調したものが増えています。毎年開催されるコンテストは、優秀なクラフトブルワーを育てる温床となっており、中でも二〇一三年開業の「哈克釀酒：ハードコアブルワリー」が有名です。

乱暴な訳ですいません。ビアパブの名になった「啜飲」ですが、すすって飲むのではなく、少しずつ飲むという意味だそうです。じっくり味わう、というクラフトのスタイルを象徴しているのですね。ミッケラーについては、その前にできた東京の同店はあえなく閉店したのに台北では大成功です。もっとも東京店は、再出発しました。

ついでにビール用語が漢字でどう表現されているか、ご紹介しましょう。「愛爾」と「拉格」はエールとラガーです。そして「啤酒花」はホップ。「馬克杯」はマグ。

それでは「皮爾森杯」は何でしょうか。最後に「杯」ですからグラスの一種です。「爾」はエールにも使われていますね。では「皮」の音は何かと考えると、だんだん分かってきますね。そうです。正解はピルスナーグラスです。

さて第二章は、台湾の二十の醸造所と九十四種類のビールを解説しています。この九十四種類を分析してご紹介します。

ご承知のように、クラフトビールは伝統的なビアスタイルを尊重して造られています。これは台湾も同じですから、その発祥国によって分類することができます。本書の九十四種類は、英国三十六種、ベルギー十七種、米国十五種、ドイツ十四種、無国籍十二種となります。

英国が多いのはＩＰＡ、ポーター、エールというクラフトの定番が揃っているからです。人気のＩＰＡは九種あります。インペリアルスタウトやチョコレートスタウトなどポーター系が七種、ペールエールやアンバーエールなどエール系は十三種もあります。イングリッシュ・サマーエールも造られています。これは英国のエールが茶色ばかりだった一九八八年にホップバック・ブルワリーが発売した「サマー・ライトニング」に始まる黄金色のエールです。蜂蜜や柑橘の繊細な香りと軽快な飲みごたえで「危険なほど飲みやすい」と言われました。危険と言われると、そそられますよね。

ベルギー発祥のスタイルでは、ブロンドエールなどエール系が九種、飲みやすいセゾン系が三種あって人気のほどが分かります。修道院ビールにならったものもあり、その強いタイプであるドゥベルやトリペルの名を冠したものもあります。昔のベルギービールはアルコール三度が標準で、ドゥベルが六度、トリペルが九度でしたが、今日では厳格な度数ではなく、強さの順位を表わしています。ちなみに本書に紹介された北台湾麦酒のトリペルは十度です。

変わったところでは、打狗ブルワリーが製造するボトルコンディションドビール。シャンパンのように瓶内で再発酵させています。台湾エールブルワリーでは、野生酵母に乳酸発酵を併用したランビックを造り、そこにマンゴーを加えてランビックスタイル・フルーティー・サワービールとしました。当然とはいえ、名前が長いなあ。

米国発祥では、アメリカンペールエールが五種、アメリカンIPAが二種、アメリカンスタウトが二種など、アメリカのホップを使用して元のスタイルに強いホップ香を加えたものが中心です。

ドイツでは小麦を使ったタイプが五種、そのうち二つは酵母を残したヘーフェヴァイツェンです。おなじみのアルトも、麦芽を燻したラオホもあります。乳酸発酵を併用して酸味を利かせたベルリナーワイスも造られています。

無国籍の中で特筆すべきはフルーツビールです。そもそも台湾は果実の楽園ですから、地元を大切にするクラフトブルワーが活用するのは当然ですね。戦前から一社独占で現在もシェア八割を誇る台湾ビールでもフルーツビールを製造しています。この本にはクラフトの七種が紹介されていますが、その果物はライチ、グアバ、リンゴ、サトウキビ、マンゴー、オレンジ、イチジクと多彩です。

同じく原料面での工夫では、紫米を使ったビールや、スパイスとして檀香を活用したビールもあります。香木を使うなんていかにも台湾的ですね。

ところで台北郊外のハードコアブルワリーのヘーフェヴァイツェン「サマースラム」は英文表記が異様です。サマーの二文字目の「u」が七つも並んでいるのです。音にするとサァーァーマースラムという感じ。

そう、プロレスのリング・アナウンサーの口調ですね。サマースラムとはアメリカの有名団体WWEのイベントです。そしてこのビールは、ジョン・シナという人気レスラーのイメージで造られたと書いてあります。

なるほど。それならこのビールの特徴は、力強くて万人受けする正統派だけど過去には悪役経験もあって一筋縄ではいかない、と即座に理解してしまう私も、実はプロレスファンなのです。

「パブ・世界の終わり亭」

英国の様々なパブの雰囲気を映像で味わいたい、という方にお勧めなのが、二〇一三年のイギリス映画『ワールズ・エンド～酔っ払いが地球を救う』です。四十代の男五人が故郷に集合し、学生時代に失敗したパブ十二軒のハシゴ酒に再挑戦するところから話が始まります。

さて、パブのハシゴには「パブ・クロール」と言う呼び名があります。元々は学生の遊びで、決められた何軒かのパブでビールを一パイント（五六八ミリリットル）ずつ飲んで一番早く寮に帰ってきた奴が勝ち、というルールです。まあ、学生が集まると、どこの国でも馬鹿をやるものですね。最後は酔っ払って手を振り回しヨロヨロと泳ぐように進んでくるので「クロール」なのです。

さて、主人公たちがクロールする十二軒のパブの名前を解説します。映画評論家なら、何軒目がこの名前なのはストーリー展開上必要な隠れた意味があって、と語るところですが、私は単に酒場としての意味だけお伝えします。

一軒目は「ファースト・ポスト」。同名のパブはハンプシャーに実在します。一八四〇年代の同地区最初の郵便局の建物の再利用です。

二軒目は「オールド・ファミリア」で、たぶん兵士が故郷を夢見る看板で知られる「オールド・ハウス・アット・ホーム」のもじりだと思います。

三軒目は「フェイマス・コック」はロンドンなどに実在しています。雄鶏の看板は、古くはパブでの闘鶏の開催を意味していました。十七世紀ではコック・エールの取扱いを示します。コック・エールとは鶏肉のゼリーをエールに混ぜたもので、一種のスタミナドリンクですね。次の三軒の説明はダンクリング&ライト著『パブ店名辞典』によります。

四軒目の「クロス・ハンズ」は友情の絆を表わします。

五軒目の「グッド・コンパニオンズ」は同名の小説からとった名前で、親密な雰囲気の店という意味です。

六軒目の「トラスティ・サーバント」は信頼できる従僕のようだという店の姿勢を表わして

います。

七軒目の「トゥー・ヘッデッド・ドッグ」は詳細不明ですが、実在するパブ「双頭の白鳥」の変形かもしれません。

八軒目の「マーメイド」はシェークスピアが通い、キーツが詩を捧げた超有名店です。ただし、この人魚は魔女狩りで溺死させられた少女の復讐の姿だ、という不気味な伝説もあります。

九軒目の「ビーハイブ」は蜂の巣です。蜂の巣は勤労の象徴なので、労働者が休息するパブなのです。

十軒目の「キングス・ヘッド」は最も多い名前の一つで、ロンドンだけで五十軒はあります。この映画の主人公の苗字もキングです。

十一軒目の「ホール・イン・ザ・ウォール」も何軒もあります。それぞれに独特の看板があるので有名です。独房の囚人が穴に語りかけたり、穴からスパイしたり、豚が逃げ出したり、サッカーの試合を無料で覗き見たり。また、二つの出入口によって大通りや駅の近道になるパブを示す場合もあります。

十二軒目の「ワールズ・エンド」は十七世紀以降、町はずれのパブに使われてきた名前です。ここから先に酒場は無いぞ、と大袈裟に言っているのです。

さて、こんな十二軒のパブを巡る主人公たちに奇想天外な展開が待ち受けています。アクションも笑いも映画的トリックも切なさもある楽しい映画なのですが、何よりビールだらけ。喉が渇きます。

そこで忠告をひとつ。この映画の後に行くパブを決めておきましょう。

「世界のビール・ベストテン」

ネットの中をうろうろしていたら『トップテン・グローバル・ビアーズ』という動画を見つけました。生産量のランキングかと思ったら、なんと美味しさでの評価です。

この動画はウォッチモジョ・ドットコムというサイトにアップされていました。このサイトには様々なベストテンが並んでいます。例えば『最もセクシーな女性セレブ』とか『最も美味しいスシ・ロール』とか。要するに、個人の好き嫌いで決まるものを、強引にランキング化して、それが話題の種や初心者向けのガイドになっているので、独特の人気を得ているのです。

日本のテレビでのランキングの多くは基準が曖昧ですが、このビールのベストテンは明解です。映画評論家ジョーダン・ライミーの個人的嗜好だと明示しているからです。ただし、この人がビール通かどうかは不明です。

最初に、入手可能であることが条件なのでクラフトビールは除外、とお断りが入っています。逆に言えば、アメリカやカナダで入手しやすいビールから選ばれたということですね。また、原則的に各国から一ブランドのみ、とも書いてあります。

では十位から順にカウントダウンしていきます。さあ、お立ち会い、どんなビールが出てくるのでしょう。

まず第十位はメキシコのドス・エキスです。その説明を抄訳してみました。

「メキシコならコロナが有名ですが、私はドス・エキスを推薦します。一八九七年にドイツ人醸造技師ウィルヘルム・ハッセが醸造し、七十年代にはアメリカでも評価が高まりました。どんな料理にも合う金色のスペシャルラガーで、時に甘く、時にモルティーです」

コロナは、透明瓶の口にライムを挿してラッパ飲みするスタイルで大ヒットし、米国への輸入量第一位を長く続けています。でも、そのコロナを引き合いにしてドス・エキスを選んだのは、ビールは味だよ、飲みごたえだよ、という主張を感じさせます。

アメリカ人好みの軽快なビールは「サースティ・クエンチャー」とビール通に呼ばれます。

渇きを癒やすだけ、という侮蔑的なニュアンスを含みますが、この選者もその口のようです。

第九位はアメリカのサミュエル・アダムスです。以下は選考理由です。

「このクラフトビールのレシピは十九世紀後半に造られましたが、米国市場で認められたのは一世紀後です。一九八四年にジム・クックによって醸造され、革命を起こしました。大胆かつバランスのとれた複雑な味で、巨大な米国市場で最高のラガーです」

サミュエル・アダムスはボストン茶会事件で有名なアメリカ独立運動の志士で、ビール醸造家でもありました。だから画期的な味わいでビールに革命を起こすにはぴったりのネーミングでした。ちなみに、一九八四年は会社設立、ビール発売は翌年です。

発売時から海外の有名ブランドビールに喧嘩を売るようなラジオCMで話題となり、爆発的に売れました。今やクラフトビールとしては世界最大で、二〇一五年の米国内シェアは一・四パーセント。製造量は約三〇万キロリットルで、日本ならシェア六パーセントに相当します。

大規模なクラフトビールって、なんだか形容矛盾を感じますね。形容矛盾とは、形容詞と形容される対象に矛盾があることで「緑の黒板」「正直な政治家」「やさしい妻」などが挙げられます。えっ、何か質問がおありですか。

さて第八位は日本のサッポロビールです。照れるなぁ。いや、私が照れるのは変ですね。こんな解説が付いています。

「アサヒドラフトがポピュラーな日本産ビールですが、私は同国最古のこのブランドを選びました。日本の大きな都市である札幌から命名され、ドイツで訓練された中川清兵衛によって一八七六年に、主に地元の原料で造られました。パンや穀物を彷彿とさせるマイルドな風味です。アメリカ製ビールに匹敵する、この日本ビールは、決して大袈裟な味ではありません。クリアで淡い黄色で、特に暑い日に爽やかです。コメを使っているので、寿司とぴったり合うこと間違いなしです」

厳密に言えば一八七六年は醸造所創業の年で、ビールの発売は翌年です。まあ、重箱の隅をつつくのは止めましょう。肝心なのは世界のベストテンに日本のビールがランクインしていることです。

クラフトブームの今、アメリカにはビール会社が五千社あります。しかし、ユーロモニター社の二〇一五年データでは、米国内シェア〇・一パーセント以上の会社はわずか十六社しかありません。その十六社にランクインする唯一の日本企業がサッポロです。それだけ売れていますので、味の評価で「世界第八位はサッポロ」と言われても、北米のビール飲みは不思議に思わないのです。

第七位はドイツのベックスです。

「国外で最も有名なドイツビールの一つです。一八七三年から今日まで、ドイツのビール純粋令に基づいて醸造されています。しっかりした炭酸ガスと、心地よいキレ味と、淡いフルーティーな風味があり、すぐにお代わりしたくなります」

ベックスは一九七十年代から今日まで、アメリカの輸入ドイツビール首位を続けています。文中の純粋令とは、ビールの原料は麦芽、ホップ、水、酵母だけだ、と一五一六年に定めたドイツ自慢の法律です。コーンなど副原料をしないので、日本では麦芽百パーセントビールと呼ばれます。ベックスは日本でも一九八九年から数年サッポロビールが代理店となって本格的に発売したことがあります。あんまり売れませんでした。私が広告や販促企画を担当していたのです。はい、私のせいです。ごめんなさい。

第六位はデンマークのカールスバーグです。

「このビールは、会社創業から約六十年後に、創業者ＪＣヤコブセンの息子カールが一九〇四年に造りました。苦さと甘さの完全なブレンドがあり、リンゴと蜂蜜の香りが特徴になっています」

この解説は大胆に間違っています。この醸造所は一八二六年にＪＣの父クリステン・ヤコブセンが創業しました。ＪＣは二代目で、一八四五年にミュンヘンのシュパーテンから秘蔵酵母を譲り受け、この酵母から一八四七年にカールスバーグを生み出しました。なぜ一九〇四年としたのは全く不明です。

ちなみにカールスバーグのカールはＪＣの息子の名前です。バーグとは山という意味です。名前に山を付けるなんて、わんぱく相撲の力士みたいですね。

かたぁやぁ、カァール〜山ぁ〜。

名前に山を付けて銘柄名にするのは、デンマークでは良くあることなのでしょうか。どなたか教えてください。

第五位はベルギーのステラ・アルトワです。

「一九二六年にクリスマス向けのビールとしてベルギーのルーヴェンで初めて醸造されました。驚くべきビールを数多く輩出している国の中で世界的に有名な一つです。クリアで甘いラガーは優れた技術で製造されており、何をするべきか、何をしてはいけないか、を良く知っています」

不思議な解説ですねえ。ベルギーは、下面発酵酵母のピルスナーが席巻する多くの国とは違い、上面発酵酵母や野生酵母の独特なビールがずらりと並ぶ貴重な国です。でもステラ・アルトワ自体はピルスナーです。早くから海外展開していたのも、他のベルギービールとは違います。ベルギービールの多くは独特過ぎて地元だけでしか知られず、一九七十年代にイギリス人ビール評論家マイケル・ジャクソンに見いだされるまで、国際的には無名の存在でした。

このウォッチモジョの解説を要約すると、あの珍品揃いの国なのに、普通のビールとして世界的に有名だから、というロジックなのです。難しいですね。果たして褒めたことになっているのでしょうか。

ステラ・アルトワは一九八八年に同じベルギーのピルスナーメーカーのジュピラーと合併してインターブリューという新会社になり、その後は買収と合併を繰り返して世界の三割近くを握る大企業になりました。ビール党には、こういった合従連衡を嫌う向きも多いので、微妙な褒め方はそのせいかも知れません。

第四位はチェコのピルスナー・ウルケルです。

「一八四二年に誕生した世界初のピルスナーとして有名です。そして全てのビールにとってのベンチマークです。このビールは、その一貫した品質と、透明感と黄金の色合いが際立っています。よりホップを利かせたことでて、世界のビールの流れを黄金のラガーへと変えたのです」

ビールは茶色系の濃淡だという常識を打破して、史上初めて誕生した黄金のビールがピルスナー・ウルケルです。ボヘミアガラスにより庶民も透明のコップでビールを楽しむようになった時期なので、ピルスナーはすぐに欧州を席巻。今やビールの世界標準となっています。

第三位はイギリスのニューキャッスル・ブラウンエールです。

「一九二七年にニューキャッスルでデビューしたこのブラウンエールは、生粋の英国人には〝働く男のビール〟と考えられています。大佐と呼ばれたジム・ポーターが三年かけて開発した、カラメルの甘い匂いと均一な苦味のバランスがとれた軽快なラガーです。仕事終りの一杯に最適です」

戦後、イギリスのビール業界には合従連衡が起こり、八十年代にはビッグシックスと呼ばれる六大企業が市場の八割を占めます。その一社スコティッシュ&ニューキャッスルの主力銘柄が、このニューキャッスル・ブラウンエールでした。

第二位はオランダのハイネケンです。

「一八七三年に発売され、世界中で大人気です。ラベルには多くの受賞歴が記されています。ハイネケンA酵母など高品質の原料と水による完璧な透明度を誇ります。比較的高い炭酸ガスと透明な黄色でビール党にもビギナーにも人気があります」

ハイネケンは十九世紀に研究所を建てて、自らの酵母を特定しています。一八八九年のパリ万博を始め受賞歴も豊富です。世界を駆けめぐるオランダ商人とともに、アフリカ、東南アジア、南米などに戦前から広がっていました。元祖インターナショナル・ビアと言える存在です。星のマークのビールとして世界一有名なのは、残念ながらサッポロではなくハイネケンなのです。

さて注目の第一位はアイルランドのギネスです。

「アイルランドはキルケニー・アイリッシュ・エールとハープ・ラガーの故郷ですが、ドライ・スタウトのギネスに勝るものはありません。その独特の風味は、ローストされた大麦に由来する焦げた味わいです。ギネスからは、漆黒に近い色合い、どっしりとした厚み、そして窒素によるクリーミーで真っ白な泡が飲み手に捧げられます。一七五九年創業のビールの古典であり、地球上で最も有名なブランドの一つです。このアイルランドの幸運は、我々を繰り返し感動させてくれます」

ギネスブックでもお馴染みの、あのギネスです。泡が立ちにくいという欠陥をマイケル・アシュという技術者が窒素混合ガスを使うという画期的なアイディアで克服し、一九八五年に世界で最も肌理細かい泡を生み出しました。

さて、ここでベストテンをもう一度おさらいしてみましょう。

第十位ドス・エキス、第九位サミュエル・アダムス、第八位サッポロ、第七位ベックス、第六位カールスバーグ、第五位ステラ・アルトワ、第四位ピルスナー・ウルケル、第三位ハイネケン、第二位ニューキャッスル・ブラウンエール、第一位ギネス。

あらためて振り返ると、伝統的なブランドが揃っています。一九八五年発売のサミュエル・アダムスを除けば全て戦前からのビールです。最古は一七五九年創業のギネス。戦前といってもアメリカ独立戦争の前です。ずいぶんと昔ですねえ。時間がブランドを鍛え上げたのです。また、販売量が幾ら大きくてもベストテンには入れません。生産量世界一と言われる中国の華潤雪花ビールも、第二位の米国バドライトもランク外です。

世界のビール業界はM＆Aが盛んです。ベストテンだからといって買収から逃れられるとは限りません。ベックスは二〇〇一年にインベブに買収されました。ピルスナー・ウルケルは一九九九年にサウス・アフリカン・ブルワリーに買収され、昨年アサヒに転売されました。ニューキャッスル・ブラウンエールは二〇〇八年にハイネケンとカールスバーグの連合軍に買収され、現在はハイネケンの傘下です。

次にそして味の共通点を探ると、ベストテンにはライトタイプが見当たりません。比較的飲みやすい淡色ビールは、ハイネケン、ピルスナー・ウルケル、ステラ・アルトワ、カールスバーグ、ベックス、サッポロ・ドス・エキスの七つですが、麦の旨味が確かに感じられ、ホップの良質な苦味がしっかり飲みごたえを支えているタイプばかりです。

味わいのしっかりした濃色ビールはギネス、中濃色はニューキャッスル・ブラウンエールとサミュエル・アダムス。淡い側から七対二対一というバランスも絶妙です。

そして一位と三位が上面発酵というのも、伝統を尊重した順位付けだと思います。上手く出来ていますねえ。

私も似たようなブランド選択は出来るかもしれませんが、ニューキャッスル・ブラウンエールの第三位抜擢なんて離れ技は思いつきませんね。選者であるジョン・ライミーという映画評論家、なかなかの目利きです。

それにしても、やっぱりビールのランキングの世界第一位はギネスでした。考えてみれば当たり前です。だって、世界一を集めた本を刊行したのがギネス自身ですものね。

「びあけんのススメ」

私は日本ビール文化研究会の顧問も務めています。この一般社団法人は日本ビール検定、通称「びあけん」で知られているので、私も「びあけん顧問」と紹介されることがあります。実際に検定のテキストを書いたり、問題を作ったりしていますが、検定だけの顧問ではありません。でも、分かりやすいので、訂正せずに済ませています。

このビール検定を受検すると、ビヤホールでも、ビアパブでも、そして自宅でも、ビールが美味しくなりますし、楽しくもなります。そうです。ビールは知って飲むのと、知らずに飲むのとでは大違いなのです。どうぞビール検定をご受験ください。

お勧めする以上は、まず皆さんの不安を取り除き、メリットを提示する必要があるでしょう。

そのポイントは以下の三つです。

受検勉強は大変か。

合格できるか。

合格したらどうなるか。

まず検定の概要を説明します。これは職業資格ではなくお遊びです。従って受検者の四分の三は一般消費者です。毎年秋に検定があり、だいたい三千人くらいが受検します。三級、二級、一級と難しくなっていきます。特に二級合格者だけが挑戦できる一級は難関中の難関。合格率は毎年変わりますが、だいたい五パーセント前後。昨年は十パーセントで、びあけん史上初めてのことでした。これまで六十人ほどしか合格していません。

試験は筆記だけで試飲はありません。論述問題が出るのは一級だけで、二・三級はすべてマークシートの四択です。では例題を見ていただきましょう。

「明治二年に日本初のビール醸造所が建てられた土地を、以下の選択肢から選べ」

「一、大麦産地。二、外国人居留地。三、鹿鳴館敷地。四、東京新橋駅構内」

こういった四択を一時間に百問解いて、六十問正解すれば三級合格です。どうです、簡単でしょう。

ちなみに、この例題の正解は外国人居留地です。ビールの知識が無くても、鹿鳴館完成は明治十六年、鉄道開業は明治五年ということを知っていれば、四択は二拓に変わります。私も問題作りに参加していますが、ビールの知識だけでなく他の知識をつなげるようなことも意識しています。

こういった歴史の問題もありますが、原料や製法、種類、酒税、文化、ビール好きの偉人の逸話、イベント、市場動向、香味、グラス、健康など、ビールの様々な側面から出題されます。

ある女子大の教授が「びあけんは文系と理系のバランスが良い」と褒めてくださいました。文系の女子大生で食品メーカー志望の場合、理系的な知識を面接で確認されるのだそうです。確かに食品の新製品を説明するのに技術的解説ができないのは致命的ですものね。ですから、びあけんのようなバランスのとれた勉強が役に立つ、とのことです。

では三つのポイントを解説しましょう。最初は「受検勉強は大変か」です。まず書店で『日本ビール検定公式テキスト』(マイナビ出版)を見つけてください。ご購入をお勧めしますが、立ち読みで丸暗記しても結構。たかが二百頁です。

このテキストの世界史や日本史の原作は私です。だから受検勉強も面白いですよ、と言いたいのですが少し違います。こんな太平楽な文章にならないように、編集者が教科書的に手を入れています。私の文章から脱線転覆を削ったら、暑さ対策で体毛をカットされたペルシャ猫のように貧相になると思いますよね。それが案外読めるのです。歴史を要点だけで眺めていくと三百年くらい一瞬ですから、そのスピード感が心地良いのですね。どんどん理解が進みます。また、原則として年号丸暗記は不要です。そんな問題は出しません。第一、私は記憶が苦手です。ビールの製法も出題範囲です。理系のお勉強ですが計算問題は出ません。私は計算も苦手です。物質名などのカタカナ語を丸暗記してもらいますが、ほんの幾つかです。業界用語だと思ってください。業界用語のない業界は無いのです。

幾つか憶えただけの業界用語でも、酒場で使うと周囲が驚きます。えっ、それ何のこと。へえ、すごいね。よく知ってるわねえ。その反応だけで、受検勉強にやる気が出るのです。

では第二のポイント「合格するか」です。結論から申し上げれば、三級なら確実に合格します。三級合格には百問中六十問の正解が必要ですが、九十問以上は前述の公式テキストから出題されます。つまりテキスト一冊で受かります。本当ですよ。実際に、三級の合格率は約九割なのです。

第三のポイントは「合格したらどうなるか」です。ズバリ、酒場で自慢できます。これまでの二・三級合格者は一万一千人強です。日本の飲酒習慣者人口二千万人の千八百分の一に過ぎません。ちなみに飲酒習慣者とは「週三回で一回当り清酒換算一合以上」という厚労省の定義と調査によります。千八百分の一なら酒場ではまず遭遇しないでしょう。一方、日本の飲食店数は、二〇一四年の総務省の経済センサスで約六十二万軒でした。びあけん合格者の二割五分が酒類業界関係者なので約二千八百人。これが全て酒場勤務だとしても二百二十軒に一人しかいません。つまり、店主・従業員にも少ないのです。だから自慢し放題です。危険なのは、クラフトビールを飲ませる店くらいでしょう。

楽しく勉強できて、必ず受かって、酒場で自慢し放題。その上、この本を読んでいるなら、ビールの雑学はお好きですよね。つまり素質があるのです。ほらほら、受けようという気になってきた。

「犬のビール革命インUSA」

今年は戌年ですから、犬のビールのお話でご機嫌を伺います。といっても醸造所名にドッグが含まれるだけの話で、犬が飲むビールとか、犬が造るビールという話ではありません。犬が飲むためのビールは日本でも英米でも販売されています。もちろんノンアルコールですが、人間用のビールより高価だったりします。犬が造るビールは、ええと、残念ながら不勉強で知りません。

さて本題。アメリカのデラウェア州にドッグフィッシュヘッド社があります。社名は創業者のサム・カラジョーネが子供時代に夏を過ごした岬の名前です。サムは最新のアメリカ料理に触発された独創的なビールを造って、クラフトブルワーとしてデビューしました。アプリコット、ピートスモークした大麦、ローストしたチコリ、グリーンレーズン。食の世界から新しい素材を導入したスタイルは徐々に話題となります。

原料だけでなく技術も料理を取り入れました。サムはテレビ番組で、煮立っているスープに胡椒を少しずつ加えているシェフの言葉に注目します。一度に全部入れると刺激的になり過ぎて味が馴染まない、と言うのです。

これはホップの使い方に応用されました。通常、ホップは麦汁を煮る時に投入します。最初から入れればビールに必要な苦みが抽出されますが、香りは熱で飛散します。そこでホップの香りを残すために煮沸の後半や終了後に投入する場合もあります。この三つの投入タイミングは、ビタリングホップ、レイトホップ、ドライホップと呼ばれます。サムは、この伝統的な三つのタイミングを無視して、煮沸する九十分間ずっと少量ずつ投入し続けるという画期的な手法を開発しました。

クラフトビールの中でも人気の高いインディア・ペールエール、通称ＩＰＡは大量のホップによる豊かな香りと苦味が特徴ですが、さらに香りを高めようとすると苦味も増えてしまうのが問題でした。しかし、ホップを少量ずつ投入すれば苦味を抑えたまま香りを豊かにできます。

この九十ミニットIPAは一九九九年の発売から人気となりました。西海岸のブルワーが好む刺激的な苦味とは一線を画した、新たなスタイルのIPAが生まれたのです。

さらにサムはIPAを究めるために秘密兵器を開発しました。樽と注ぎ出し口の間に、生のホップを詰め込んだフィルターを組み込んで、ビールがたっぷり生ホップと接触しながら注ぎ出されるという仕組みです。このフィルターは「ランドル・ザ・エナメルアニマル」と名付けられました。エナメルとは、大量のホップが歯をザラッとさせる独特の感覚を表現したもので、ホップ好きのビアギークには褒め言葉です。このビアギークという言葉は、日本語なら「ビールおたく」といった意味です。

ランドルはIPAの品評会で披露され、これを通した百二十ミニットIPAは並みいる有名ブランドを圧倒して大絶賛を浴びます。その場でランドルを買いたいという注文が入るほどでした。

ところで、何でミニッツではなくて単数形のミニットなのか、英語の苦手な私には分かりません。どなたか解説をお願いします。

ランドルのフィルター部分に詰め込むのはホップだけではありません。様々なハーブやスパイス、さらにはフルーツなどが詰め込まれ、ビールに最後の一味を加えるのに使われました。

元のビールと詰め込んだ物の組合せで、味わいを飛躍的に増やせるのです。まさに革命的な器具でした。

近年では、ビールにフルーツやハーブの味をなじませるインフューザーという器具を使ったインフューズド・ビールが報道されはじめました。ランドルはこの流行の原点と言えるでしょう。

ビールは、どんどん進化しているのです。

「犬のビール革命インUK」

犬の名を冠した革命的醸造所の英国版のご紹介です。英国では二〇〇二年に小規模ブルワリーの酒税を半減できる法律が施行されました。これが、二十代のジェームズ・ワットとマーティン・ディッキーにビール醸造を決意させます。二〇〇四年の起業は失敗しましたが、二〇〇七年に再度挑戦しました。スコットランド北東部の寂れた工業団地の倉庫を醸造所にして、二人と犬一匹のブリュードッグ社は船出したのです。

それが二〇一五年には社員数五百人超、年商は八十億円。その売上の半分は世界五十ヶ国への輸出というグローバル企業になりました。直営のビアパブは全世界に四十店舗を数え、日本でも六本木に出店しています。

彼らはパンクロックの精神でビールの革命を目指しました。ワットの著書『ビジネス・フォー・パンクス』によれば「当時、イギリスにクラフトビールは存在せず、ビールといえば大量に工業生産されたラガーか、古くさくて根本的に面白みのない樽エールだけだった」そうです。既にアメリカはクラフトビールブームで、伝統を重視する多くの醸造家はイギリスの樽エールもリスペクトしていました。しかしワットには、大企業も伝統的醸造所も否定の対象でした。自分の信じる道しか認めないパンクの精神ですね。

彼らは自分たちが飲みたいビールだけを造りましたが、最初の半年は週販十ケース以下でした。損益分岐点の七十ケースには遠く及びません。それでも世界的なビール評論家マイケル・ジャクソンに褒められたことを支えに耐え続けました。

二〇〇八年、巨大スーパーマーケットのテスコから朗報が入りました。コンペでブリュードッグ社のビールが一位から四位まで独占した、というのです。そして全国発売と週二千ケースの発注がついてきました。ワットたちは平然と応じましたが、内心は困惑していました。まだビールは手詰めだったのです。四ヶ月以内にボトリングの機械が必要でした。取引のある銀行に相談しましたが、既に借金まみれなので相手にされません。そこでライバル銀行に飛び込み、大風呂敷を広げて融資を引き出しました。

『ビジネス・フォー・パンクス』には「一年目の事業計画は、ホップを生かした最高のビールを造ることと、安いスーツを着て銀行に罪のない嘘をつくことだけだった。ぼくらの戦略はそれから大して変わっていない」とあります。罪のない嘘って、自分で言うのは反則ですよね。

そこからブリュードッグ社の快進撃が始まりました。その一番人気はパンクIPAでした。スコットランド産の麦芽を二倍以上、ホップは四十倍も使っています。もちろん苦味は強くなりますが、四十倍ではなく見事にバランスを保っています。飲む前から漂うのは、稀少なネルソン・ソーヴィンという柑橘系のホップの香りです。ネーミングにパンクを使ったのは、パンクがポップミュージックを粉砕したような破壊力を意味するそうです。

これを重点的に売るために考え出されたのが「はしご戦略」でした。ラガー、スタウト、IPA、ポーターという四商品の価格を、普通ならケース二十、二十二、二十四、二十四ポンドとするのですが、あえて二十四、二十八、二十四、二十六ポンドとしたのです。売りたいIPAが相対的に安く見え、他は利幅を広げるという戦略です。類似品がないので強気に出られる状況とは言いながら、それを最大限に活用するしたたかさには舌を巻くばかりです。これでパンクIPAの取扱店が増え、看板商品に成長したのです。

続いて、彼らは新しい話題づくりに取り掛かりました。それはアルコール度世界一のビールです。

最強ビールは長い間、スイスのサミクラウスの十四度でした。しかし一九九四年、アメリカのボストンビール社が十七度を超えるトリプルボックを造り、さらに二〇〇一年にはアルコール二十四度のトリプルボック「ユートピア」を造って話題となります。ボックビールは北ドイツのアインベックで生まれた麦芽たっぷりの、濃醇で高アルコールのビールです。そして、その濃醇さを高めたのがドッペルボック。ドッペルとは英語のダブルに当たります。その延長のトリプルですから、推して知るべしです。

これを格好の宣伝手段だと考えたワットたちはアルコール度世界一への挑戦を開始します。彼らが採用したのはアイスボックの手法でした。ビールを零下二十度に冷やして氷の結晶を取り除いて濃縮するのです。本来は味わいを濃くするためですが、アルコール度も高まります。

二〇〇九年、ブリュードッグ社はアルコール三十二度の「タクティカル・ニュークリア・ペンギン」を発売します。アルコール十度くらいのビールから冷凍庫の中で三週間もかけて完成させました。ペンギンの住む環境下で戦術核兵器並みの衝撃を、というネーミングですが、ウェポンをペンギンに変えただけで脱力系ですよね。同社のサイトには、零下三十度の冷蔵庫に裸で入るという宣伝の動画がアップされ、アルコール度世界一の栄冠とともに、あまりの馬鹿々々しさに話題となりました。

しかし翌年二月、イタリアのリベレーション・キャット醸造所の「フリーズ・ザ・ペンギン」の三十五度に抜かれました。ブリュードッグ社のペンギンを意識した挑発的ネーミングですね。そこに伏兵が現れます。ドイツのショルシュブロイ醸造所が四十度の「ショルシュボック」を発売して抜き去ったのです。

この戦いに終止符を打つべく、ブリュードッグ社は同年七月に「ジ・エンド・オブ・ヒストリー」を発売しました。そのアルコールは一気に上昇して、何と五十五度。さらに話題性を高めるために「ビールと芸術の結婚」という前代未聞のコンセプトを打ち出します。それは何と、交通事故で死んだリスの剥製の中に瓶を仕込む、という異様なパッケージでした。悪趣味にしか思えませんが、世界中のマスコミがこれを報じ、その一本はアートとしてオーストラリアの美術館に収蔵されました。タブーを無視したブリュードッグ社のパンクなＰＲは大成功に終わったのです。

実はその後も最強ビールの戦いは続いています。現在の一位はスコットランドのブリューマイスター社の「スネーク・ヴェノム（蛇の毒）」で、アルコール六十七・五度というウイスキーすら凌駕する強烈さです。ブリュードッグ社は十分に名を売ったから、と引退したのか、再び参戦するのか、興味は尽きないところです。

ところで私も高アルコールビールを飲んだ経験があります。それはブリューマイスター社の「アルマゲドン（最終戦争）」でアルコールは六十五度です。冷凍庫で零下に冷やして飲んだのですが、泡は立たず、香りも薄く、舌を刺すアルコールの刺激もなく、ぬるっとした不思議な飲み心地でした。ビールとは思えませんが、飲んだ後に胃袋がカッと熱くなるので、強いキックのある酒なのは確かです。

さてお話を戻します。同社は、二〇〇九年には四つの銀行から融資を受けていました。しかし人気上昇につれて海外からも注文が相次ぎ、生産設備の拡充が急務となっていました。直営パブも多店舗展開を始めています。そこでワットたちは「立派な身なりをした上っ面だけの金融ロボット」に融資を頼む代わりに独創的な資金調達手段を思いつきました。

「エクイティ・フォー・パンクス」という自社サイトで株を売るビジネスモデルです。二十億円が一気に集まり、世界中に三万人以上の株主が生まれました。ワットはこの新たな出資者たちをブランド・アンバサダー（大使）と呼び、こう語ります。「彼らこそぼくらの事業の根源であり、存在理由だ。彼らはブリュードッグのコミュニティーであり、三万人を超えて今も増え続け、クラフトビールという言葉をこの世に広めてくれている」

普通のクラウド・ファンディングならビールの提供やパブの割引などが特典に付く程度ですが「エクイティ・フォー・パンクス」の出資者は実際に株券を手にする株主です。つまり運命共同体。この仕組みは、一緒にクラフトビールで革命を起こす同志を募集していたのです。

上述の著書の第一章冒頭には「始めるのはビジネスじゃない。革命戦争だ」とあります。美味いビールを広めるという使命が第一義なのです。そして「革命の戦いをするなら、倒す相手を定めるといい」と考え「世界で販売されるビールの九十％以上が味気なく低俗なゴミクズビール」だと糾弾するために、他社のビールをゴルフクラブやショットガンで粉砕する動画をアップしました。やり過ぎです。

美味いビールを飲んでもらうには何でもします。二〇一一年、ブリュードッグ社のビールは濃醇で複雑な味わいを持ちアルコール度も高いので、普通の三分の二のサイズのグラスが良いと気づきます。しかし英国では三百年前からパブのグラスは決められていました。議会や政治家にロビー活動を仕掛けましたが動きません、そこで政治の中心ウェストミンスターで一週間、パンクな攻撃に出ました。低身長症の男性に、小型グラス使用を訴えるプラカードを持たせたのです。この異様な光景に注目が集まり、これを機に酒類販売許可法が改正され、三分の二パイントのグラスが認められました。

また、宣伝で顧客を集めるのではなく、情報公開でファンを創るべきだと考えました。ビール教室やテイスティング講座を開く。ネットで全レシピを公開する。ツイッターで醸造技師が公開質問を受ける。パンクIPAの自宅醸造キットを発売する。そして「シセロニ」というビールのソムリエ資格を社員に取得させ、その人数で欧州一を自慢します。ワットたちもテレビ番組「ブリュードッグズ」で毎週各地のクラフトブルワーと変わった醸造方法にチャレンジしました。さらに大規模なリリースやイベント直前の二ヶ月間は沈黙して、メディアに飢餓感を持たせるという独特の広報戦略を採りました。

パンクの精神に則って、常識に逆らっても自らの使命に忠実で、敵を明確にして味方を集め、世を騒然とさせながら主張を通していく。そんなワットの言葉は魅力に満ちています。

「必要なのは信じることと、全力を尽くすことだ」

「アドバイスは無視しろ」

「永遠に青二才でいろ」

「物わかりのいい人間は、理想の無い腰抜けだ」

そして著書の最後には「アドバイスは無視しろ」のアドバイス通り、自分のアドバイスも聴かなくていい、とギャグを入れます。そして「楽しむことを絶対に忘れてはいけない」と締めました。

その通りです。パンクでも、そうでなくても、仕事は楽しくなくちゃね。

第2章

昔のビールも面白かった

OLD AND NEW ANECDOTES ABOUT BEER

OLD AND NEW ANECDOTES ABOUT BEER

「廓とビール」

『吉原夜話』という粋な本を見つけました。吉原の中米楼（なかごめろう）の娘であった喜熨斗古登子（きのしことこ）が語った廓の仕組みや作法など日常生活の全てを、会話体のまま記録しています。

この本の中にビールが出てくるのです。逸話の時期は、文久元年生まれの古登子が七歳なので、慶應三年か明治元年でしょう。場所は深川の仮宅（かりたく）。吉原は十数回も火事に遭いますが、その復旧の間だけ営業を許された場所が仮宅です。慶應二年十一月の火災では「深川座の前の川を挟んだ両側」が仮宅でした。深川座とは明治十年頃に深川不動尊の隣で開業した歌舞伎の劇場で、その場所は今、スーパーマーケットです。中米楼もここに仮店舗を構えました。その様子を古登子はこう語っています。

「なかなか全盛で、不夜城とまではいかなかったでしょうが、さすがは吉原の仮宅だと言っても恥ずかしくない賑わいでしたよ」

この仮宅一帯を治めたのは、深川閻魔堂橋の先に下屋敷があった三河国西尾藩の松平和泉守でした。和泉守が巡視するときは遊女屋の主人も衣服を改め、玄関に土下座して出迎えたそうです。その和泉守の家臣鈴木某は中米楼の常連でした。

「おつれの鈴木さんとおっしゃる方は、その時分でありながら日本酒よりビールをお好みになって召し上がるのには、宅でも困っていたようです。ビールはめずらしい時分ですし、めったに売っていないので、急にと言っても廓のなかで売っている家のあろうはずはございません。築地に居留地があった関係で、永代橋際の酒屋にいつもビールがありましたから、そこから取りよせておいて、いつお見えになって御あがりになるとおっしゃっても、差支えないように支度しておきました」

慶應三年当時の和泉守は、家督相続から僅か五年の松平乗秩（のりつね）です。先代の乗全（のりやす）は老中を務め、開国を唱えて隠居させられた人物ですから、家臣鈴木某はその時代にビールと親しんだのでしょう。

築地に居留地ができるのは明治元年です。明石町遺跡調査会『明石町遺跡』という報告書を見ると、外国人居留地時代の四四五号遺構からワインやジンの瓶が出ており、ビール瓶らしき濃緑色のガラス瓶もあります。明治四年時点で僅か七十二人という小さな築地居留地ですが、ビールは飲まれていたのでしょう。修好通商条約の中の外国人遊歩規定によれば、居留民の外出可能範囲は十里以内ですから「永代橋際の酒屋」にビールを買いに来ることはできたはずです。

築地居留地内でビールが販売されていたかどうかは不明です。しかし、フランス人クラトーが明治五年に横浜から築地に移住してパン屋を開き、数年でレストランや食料品売場を持つホテルにした、と川崎晴朗著『築地外国人居留地』にあります。これがビールを売っていそうな店の、最も早期の例だと思われます。逆に、居留地ができた明治元年には、居留地内ではビールを売っている店はなかったと言えそうです。だから「永代橋際の酒屋」に商機があったのでしょう。

この吉原夜話の記述が貴重であることを示すために、この当時のビールの記録を三つほどご紹介しましょう。まずは英国の外交官サトウが慶應二年十一月の薩摩訪問で家老たちに接待された際の記述です。

「宴会は二、三品の日本料理ではじまり、それからつぎつぎと洋食の皿がはこばれ、そのあいだにワインとビールも出された」（萩原延壽著『遠い崖―アーネスト・サトウ日記抄４』）

次は、後の外務大臣林董（ただす）の回顧録『後は昔の記』からです。外国人向けの雑誌『ジャパン・パンチ』慶応二年一月号の風刺漫画に、友人が「半洋半和の扮装を為し、頭は惣髪にて、右の手に麦酒コップを持、左に葉巻煙草を」という姿で登場したと記しています。その漫画を見ると、確かに日本人が横浜のクラブで外国人に語りかける姿が描かれています。

三つめは、横浜の外国人居留地にあったヘクト商会に慶應三年から勤めた英国人ジョン・L・O・イートンの観察です。彼は、長州藩の軍幹部が同商会をしばしば訪れて一日中ビール飲んでいたと『横浜半世紀』（ジャパン・ガゼット社）に寄稿しています。

この三事例は、全て外国人と接している状況です。ですから、明治初年までビールは外国人と切り離せなかった、と私は何となく思い込んできました。

それなのに、深川の遊女屋にビールを注文する日本人がおり、また遊女屋でも何とか探し出して提供していたのです。

幕末のビール事情を調べるなら、まず外国人関連の記録を見るのが合理的ですよね。でも、それだけで十分と思ってはいけません。こういった意外な文献に出逢う機会を失ってしまいます。反省、反省。

ところで、語り手の喜熨斗という珍しい苗字に注目された方もいるでしょう。歌舞伎役者である四代目市川猿之助の本名喜熨斗孝彦と一緒です。それもそのはず、彼のひいひいお祖母さんなのです。古登子は二代目市川段四郎の夫人で、息子は二代目猿之助。孫が三代目段四郎。曾孫が三代目猿之助と四代目段四郎。現在の猿之助は四代目段四郎の息子です。

御茶ノ水に猿之助ギャラリーを併設したカフェ『エスパス・ビブリオ』があって、そこで舞台写真を見ながらビールを飲むのが楽しみです。でも『吉原夜話』を発見したおかげで、そのビールの味が深くなりました。常に斬新なスーパー歌舞伎の原点は、お客のためならビールを探し出すサービス精神なのかも、と与太話に花が咲くからです。

「ぽん太の一石二鳥」

明治二十一年に麒麟ビールが発売された時、外国人居留地以外の販売権を獲得したのは、磯野計率いる輸入食料品問屋の明治屋でした。

磯野計は三菱の岩崎弥之助に見込まれて、三菱の給費留学生としてロンドンに勉強に行ったのですが、その壮行会で「留学させてくれるのは感謝するが、三菱の奴隷になるつもりはない」と言って岩崎弥之助を苦笑させたという快男児です。帰国後、しばらく三菱で働いてから独立し、三菱関連の船舶への食料品等の納入を請け負う明治屋を開業しました。

さて麒麟ビールの販売権を得たものの、製造元のジャパンブルワリーコンパニー（以下ＪＢ

C）の経営者は外国人がほとんどで、日本人向けの宣伝など考えてくれません。そこで総代理店である明治屋の磯野計が頭をひねることになったのです。その費用は、年間二千ドルをJBCと磯野が折半するという契約でした。発売当初から、磯野は時事新報や横浜毎日新聞に宣伝を載せています。しかし、堅い内容の長文で親しみにくいものでした。

「数年以来我国に於てビール酒の醸造は、年を逐て盛になりたれ共、何分、品柄の思はしからざる所より、独逸製のビールに圧倒され殆んど失敗の姿なるが、先般、横浜山手の居留地に起業したるジャパンブルワリー会社は、其道に賢しこきヘッカルト氏を、独逸より招聘し、本家本元の製法に基づき、日本人の嗜好を察し、屢々試醸の功を積み、今度、弥々その成績を顕はし、色艶と云ひ、風味と云ひ、世間の有ふれのものと違ひ、稀有絶無の良品を得たるに付き、横浜北仲通の明治屋に於て、売捌代理を引受け、別に大阪売店を設け、左に記せる割合を以って発売いたし候間、多少に拘わらず注文あらんことを請ふ」（明治二十一年五月二十八日付け時事新報）

宣伝に悩む磯野が憂さ晴らしに通っていたのが、明治十年代から急速に人気を高めた新橋の花街でした。ある晩、磯野の座敷に侍ったのは、新橋一の売れっ妓ぽん太を筆頭とする腕っこきの芸者達。楽しさ半分憂さ半分の磯野の表情に気づいたぽん太は、麒麟ビールの宣伝に苦慮していることを聴き出します。

「どうでしょう。この小ふみちゃんの絵を描いて、麒麟ビールを持たせたら」

「なるほど。面白いな。おい、小ふみ。ちょっとビールを持ってニッコリしてみろ」

早速、妹芸者の小ふみにポーズをとらせます。

「ふむふむ。ぽん太、お前も持ってみろ。小ふみは可愛いが若いな。ぽん太に頼もう。よし、これだ。美人画のポスターで、新橋一の売れっ妓ぽん太の艶姿。これはいい」

磯野は大喜びです。ぽん太もお客を喜ばせた上に、自分の宣伝ができるのですから一石二鳥です。最初は妹芸者を推薦するあたりも上手ですね。磯野が「自分の発案だ」と自慢できるように、少し的を外した提案をしたのです。

明治二十三年の内国勧業博覧会で、磯野はビヤ樽を模した試飲施設を作り、その中で麒麟ビールを飲ませて、ぽん太の美人画ポスターを配って大評判となりました。これが本邦美人画ポスターの先駆とも言われています。ちなみに妹芸者小ふみも後年、三井呉服店のポスターに描かれて評判になりました。

その後、ぽん太は十七歳で写真家鹿島清兵衛の後妻となり、事故で指を失った夫に尽くしたことから「貞女ぽん太」と讃えられました。その夫が撮影したぽん太の写真を見ると、美人ですが幼い感じです。

実はぽん太は明治十三年生まれ。当時の戸籍が正しいなら、麒麟ビールのポスターに登場したのは十歳ということになります。あまりに未成年過ぎますよねえ。

「金色夜叉とビール」

東洋のビール王馬越恭平は多くの仲間に支えられていました。その一人が大橋新太郎です。まだ恵比寿麦酒の売上が好調とは言えなかった明治二十五年から日本麦酒の株主になり、明治三十五年には取締役に就任します。札幌麦酒、大阪酒麦酒との合併によって大日本麦酒となってから二十八年間、取締役として社長の馬越を支えます。そして昭和八年の馬越逝去の後は同社会長に就任し、同社の対外的な顔となりました。

しかし大橋の本業はビールではなく、伊藤博文の名をもらった博文館という出版社の社長でした。同社は源氏物語や徒然草などを翻訳出版した「日本文学全書」で古典を大衆化させ、一方では雑誌「太陽」などを発刊して、学術からエンタメまで幅広く日本の出版ビジネスを確立したパイオニアでした。つまり大橋は出版界のボスの一人だったのです。

彼の出版界への貢献はビジネスだけではありません。実は、ある国民的文学作品のモデルでもあったのです。

まだ大橋新太郎が二十代だった頃、既婚者でありながら芝の高級料亭紅葉館の看板芸妓中村須磨子に心を奪われてしまいます。しかし彼女には恋人がいたのです。それは巌谷小波というデビューしたての児童文学者でした。同じ出版業界の人間とはいえ、日の出の勢いの博文館の跡取りとは比べものになりません。須磨子は大橋を選びました。明治三十年、大橋は離婚して須磨子と結婚しました。巌谷は冷静に受け止めていましたが、伝え聴いた友人の小説家尾崎紅葉が怒りました。須磨子を呼び出して不人情をなじり「金に目がくらんだか、売女め」と足蹴にします。

明治三十年から六年間、尾崎紅葉は読売新聞に『金色夜叉』を連載します。熱海の海岸散歩するぅ〜、貫一お宮の二人連れぇ〜、です。

間貫一は子供のころに両親を亡くし、鴫沢家に引き取られます。学業に励んで法学士となり、鴫沢家の娘宮を婚約者としますが、美貌の宮は金満家の息子富山唯継にみそめられて結婚してしまいます。宮を失った貫一は復讐のために高利貸しになって冷酷の限りを尽くすのですが、作者の死によって未完で終わります。

世の人びとは、貫一のモデルは巌谷小波、お宮は須磨子、そして金満家富山は大橋新太郎だと噂しました。

この小説のハイライトと言えば、熱海の海岸で貫一がお宮の結婚話に怒って足蹴にする場面です。でも実際に蹴ったのは巌谷小波ではなく友人の尾崎紅葉なのです。小説にするために蹴ってみた、なんて、まさかね。

ところでビールは『金色夜叉』に数箇所登場しますが、ちっとも美味しそうではありません。最初に出てくるのは、麦酒樽のような腹という表現です。冷酷な高利貸しとなった貫一が、麦酒を勧められる場面では、用心深く断ってしまいます。別の場面では強要されて飲みますが、あくまで口を付ける程度です。前半には酔った貫一が宮に介抱をせがむ場面などもあるのに、後半にはビールが出てもほとんど飲まないのです。貫一に借金している男が、黒麦酒がある、と友人を誘う場面はありますが、美味しく飲む描写はありません。

物語の終盤、貫一は偶然に心中未遂の夫婦、狭山とお静を助け、彼らとの触れ合いの中で人間らしい心を取り戻し始めます。そんな時に、貫一とお静がビールを飲んでしんみり語り合う場面が出てきます。ビールがポジティブに見えるのはここだけです。

ちょいと、ちょいと紅葉さん、なんだかビールに冷た過ぎやしませんか。

これは完全に私の邪推ですが、尾崎紅葉はビールを見ると大橋新太郎を思い出して腹立たしかったのではないでしょうか。

「人はなぜリスクに挑むか」

開拓使のビール醸造技師中川清兵衛について、以前から大きな疑問がありました。彼は退職後に小樽で旅館を始めますが、その傍ら、利尻島の港湾建設に私財をつぎ込み、失敗して破産するのです。なぜ知識も経験もない土木事業に挑戦したのでしょうか。

従来は、旅館に泊まる海運関係者と話す内に利尻島民の苦難を知り、義侠心から難事業に挑んだと説明されてきました。でも盛業中の旅館を手放すまで投資するのは、単なる義侠心ではないように思います。では何故か。

時系列を整理しますと、中川は明治二十四年二月に醸造所を退職しました。その原因は新任のドイツ人醸造技師マックス・ポールマンです。中川が悩んでいた不良品の発生をポールマンに新技術で解決され、その新技術を伝授もされず、ただ無視されるという屈辱を受けたのです。

そして退職した年の七月、小樽に中川旅館を開業します。海運の発展に乗って人々の往来が増す小樽で、旅館は大繁盛となります。そして明治二十八年に、問題の利尻島港湾建設を始めるのです。この四年間に何があったのでしょうか。

関連する年表を眺めていたら二つ、気になる事象がありました。一つは明治二十五年九月、開拓使のビール事業責任者であった村橋久成の死です。中川の上司として日本初の官営ビール工場を成功させた村橋ですが、開拓事業全体を五代友厚に払い下げる、という開拓長官黒田清隆の方針に反対して辞表を叩きつけました。安易に民営化すれば収益性が判断基準となり、必要な事業でも切り捨てられる恐れがあります。ビール事業は赤字でしたから廃業のピンチです。村橋はそれを黒田に訴えたかったのです。そして村橋は放浪の徒となり、十一年後に神戸で行路病者として亡くなりました。それを知った黒田など開拓使時代の仲間がねんごろに弔います。東京の新聞にも「英士の末路」として報じられました。中川は旅館経営者ですからニュースには敏感であったはずです。この報道に接して、村橋とともに過ごした開拓の日々に思いを馳せただろうと私は想像します。

もう一つ気になるのは、明治二十七年九月にポールマンが醸造所を退職したことです。ポールマンは醸造技術を誰にも伝授せぬまま契約更改を続けていましたが、部下の金井嘉五郎が密かに技術を体得し、ついにポールマンを退職に追い込んだのです。金井はかつて中川の部下であり、中川が受けた屈辱も見ていました。ポールマンを追い出して金井が技師長に就任した知らせは、すぐに中川にも届けられたはずです。自分の仇を、読み書きも不自由だった自分の部下が討ってくれた、との報告に中川は快哉を叫んだことでしょう。

この二つの事象が中川の使命感に火を点けたのではないか。私はそう夢想します。俺は、単なる旅館の親父では終われない。もう一度、世のため人のために働くべきなのだ。江戸時代の封建道徳の基本は「御家の存続」でした。家、藩、村などの共同体を守るために一身を捧げる、というのが使命であったのです。明治に入り、中川のように新しい職業を得て「御家の存続」という拘束から離れた人々は、家の代わりに国家や社会の存続に貢献することを新たな使命とします。世のため、人のため、ですね。

当時はアジアやアフリカの植民地化が進んでおり、欧米列強の脅威は日本人にとって深刻な課題でした。日本は文明国だと主張して植民地化を防ぐ必要があったのです。中川が手掛けたビール国産化も、文明開化を証明するという国家的使命を帯びていました。ですから、ビール産業が軌道に乗り始めた時、中川は日本のために自分の才能を活かすことができた、という大きな満足を得たはずです。

しかし、中川の第二の人生である旅館経営は、彼の使命感を満足させるほどではありませんでした。そして村橋の壮絶な死は当時の使命感を思い出させ、金井の技師長就任は、不可能と諦めずに新たな使命に挑戦すべきだ、と中川に感じさせたのではないでしょうか。

人は内なる使命感には逆らえないのです。私も飲兵衛としての使命感に燃えて飲んでいます。というのは言い訳でした。ごめんなさい。

「誕生、即ビッグバン」

明治三十二年八月四日、日本麦酒の社長馬越恭平が日本初のビヤホール「恵比寿ビールＢｅｅｒＨａｌｌ」を開業しました。場所は現在の銀座八丁目。繁華街の中でも人の多い勧工場「博品館」の真正面です。勧工場とはテナントを入居させた百貨店のようなものです。

馬越の狙いはビールの大衆化でした。既にメーカー直営のビアレストランはありましたが、贅沢品のビールに合わせて高級洋食のフルコースなどを提供するので、庶民には縁遠い存在でした。そこで馬越は、一切お料理を出さない安上がりな店を考えたのです。

メニューはビール半リーテル十銭、四半リーテル五銭の二つだけ。十銭は現在なら千五百円くらい。ビール五百ミリリットルの値段としては高いようですが、当時なら妥当です。まったく新しい業態だったので、英語の辞書になかったビヤホールという造語を採用しました。

手の届く値段で憧れのビールが飲めると大人気。すぐ真似されて、ビヤホールが続々と開業しました。恵比寿ビールは、この成功で売上首位の座をさらに固めます。

「ビヤホールが続々」と書きましたが、開業八月四日からの大成功ですから、続々と言っても翌年の夏だろう、と思いますよね。それが違うのです。

翌九月二十一日付の読売新聞に「ビーヤホール一雨毎に増加す」という記事が出ています。ひと雨ごと、が大袈裟かどうか、とりあえず全文を引用します。

「新橋に恵比寿ビールのビーヤホールを開店して大当りなりしより、所々にビーヤホールの起こらんとするもの春筝の如く、既に去る十五日より神田小川町一番地に開業したる東京ビールのビーヤホールの、開店後可なりの来客あり。又、本郷元富士町の天下堂と云へるビーヤホールは本月八日より開店したる由なるが、これ又、景気よくて小川町と伯仲する繁昌となし居れり。尚此外、本郷春木町に一ヶ及所、京橋北詰廣目屋支店の楼上に東京ビールのビーヤホールを近々開店する由にて目下普請中なり。又、札幌ビールは浅草にビーヤホールを設くる計画あり。恵比寿ビールは上野停車場に開店して、新橋と南北相応ずるの準備中にて、ビーヤホールは是より益々流行を来すなるべし」

原文には句読点が無いので、読みやすいように私が適宜追加しています。箏とは琴の一種ですが、タケノコという意味もあります。春のタケノコのように次々に出てきたのですね。

それにしても展開が早い。わずか一ヶ月半で、小川町に元富士町、さらに春木町に京橋北詰、浅草、上野と計画も含めて目白押し。明治の実業家の機敏さには驚くばかりです。

素早く反応したのは実業家や新聞記者ばかりではありませんでした。翌十月二十七日の読売新聞には「麦酒館の開店に就いて東京市民に告ぐ」と題した日本婦人基督教徒矯風会のコメントが掲載されています。

まず、帝都に続々とビーヤホールが開店している状況を「遺憾」と嘆いています。そしてビーヤホールは「米国のサルーン」と同じように「資産の蕩尽、道徳の紊乱」をもたらすと警告を発します。なぜなら、米国の犯罪人百人のうち九十六人は酒に関係している、と主張するのです。さらに、アルコホル性飲料は粘膜を腐敗させ、その廃物は脂肪質の沈殿物となって体内に残留し諸病を誘引する、と恐ろしげなことが書かれています。当時のアメリカは一九二〇年の禁酒法に向けて、宗教団体や婦人団体が酒の害悪を叫んでいる最中ですから、日本の女性キリスト教徒たちも、その影響下にあったのです。

ビヤホールは誕生、即ビッグバンでした。しかし、ここまで明治が機敏な時代だったとはねえ。

「明治のサッポロビール園」

前節に続いて、明治三十二年に馬越恭平が発明したビヤホールの影響を当時の新聞から拾ってみましょう。まずは翌年二月三日の朝日新聞です。

「川上座の藤澤一座は一昨日開場、本日惣幕出揃ひとなりたるが、狂言中ビーアホールの場ありてキリン麦酒会社より送れる麦酒を観客に籤引きにて景物に出すといふ」

お芝居に協賛して試飲会をやるなんて、今日でも使えそうなアイディアですね。

次は同年五月七日の朝日新聞の広告です。

「ビーアホール譲渡広告。市内最適当の場所にて或る東京ビーアホール。今般都合有之（これあり）。現在の営業及容器悉皆を譲渡したし。望の方は京橋区本八丁堀東京麦酒株式会社販売部に就て御問合せ可被下（くださるべく）候也」

東京麦酒は、明治十二年に桜田麦酒としてデビューし、英国風エールの代表として浅田ビールと双璧でした。しかし札幌、恵比寿、麒麟、朝日という四大ブランドのドイツ風ラガーに押されます。そこで明治二十九年に東京麦酒会社と改称。さらに神奈川県保土ヶ谷に移転し、新ブランド東京麦酒を発売しました。恵比寿に追随してビヤホールを開業したものの苦境は変わらず、この譲渡広告を出す羽目になりました。そして明治四十年、ついに大日本麦酒に買収されるのです。

さて「船中のビヤホール」という記事は翌三十四年八月三十日の読売新聞です。

「横浜吉田橋際の港町五丁目河岸へ二階造りの船を浮べてキリンビールのビヤホールが一昨日から開業したものがある。来客非常に多いとのこと」

吉田橋は、馬車道と伊勢佐木町の間の掘割にありました。波もなく船の風情と夜風を楽しめますし、繁華街直結の好立地です。お客が多いのも当然でしょう。

翌三十五年二月十五日付読売新聞には「上戸の注意」という驚きのサービスが紹介されていました。

「この頃の寒気には麦酒の冷たくて堪へられざるより茲（ここ）に新趣向を立てて恵比寿ビーヤホールにてコップの手触り暖（ぬく）きほどに暖めて飲ませる由」

グラスを温められて嬉しいのかしら。それより、見出しと中身の微妙なズレ具合が気になりました。

明治三十七年三月二十八日の読売新聞に「札幌麦酒園」という記事があります。

「吾妻橋際なる札幌麦酒会社にては例に依りて来月の花季中構内にビーヤホールを設け新醸造生麦酒を発売し園内の逍遥を自由に許すとの事」

この土地には今、アサヒビールの本社があります。明治時代は札幌麦酒の工場で、戦後に大日本麦酒が分割された時、アサヒ社に組み入れられたのです。もともとは秋田藩佐竹氏の江戸屋敷で、一時はサタケガーデンとして外国人観光客にも人気でした。麦酒工場になっても庭園の一部は、ビールの飲める接客スペースとして活用されました。明治三十八年の風俗画報には「吾妻橋畔弊社庭園（旧佐竹邸園）は園遊会場として閑雅且つ軽便な場所なり」という広告が出ています。

ここで気になるのは「札幌麦酒園」という見出しです。なんと「さっぽろびーるえん」というルビが振られています。

皆様ご存じのサッポロビール園は昭和四十一年開業、累計来園人数三千万人超という北海道観光の目玉です。その名前が明治時代にあったなんて社史を揺るがす大発見かも、と意気込んだのですが、他の文献には全く見当たりませんでした。おそらく新聞記者の勝手な命名でしょう。

この吾妻橋際の庭園はもともと浩養園と呼ばれており、その名は大日本麦酒名古屋工場の庭園に継承されました。現在でもその浩養園は盛業中で、名古屋最大のビアガーデンとして市民に愛されています。

そうか。麦酒園はビアガーデンの直訳かもしれませんね。

「真実のビヤホール」

明治三十二年のビヤホール誕生とその余波について、今回は新聞への投書から見ていきましょう。

明治三十二年十一月十八日付読売新聞の投書です。

「恵比須麦酒のビーヤホールが新橋際へ出来たので他の麦酒屋さんも躍起となって諸方へ真似となったのはチト滑稽だが其の中でも上野辺のビーヤホールでは店口に縄暖簾を下げて居る、幾ら舶来の矢大臣だと言へばとて、これでは余り露骨ではあるまいか。此の分では今にドブロクホール、おでんかんホールなどが出来るだらう。長生きすれば色々の事もあるものなり（出過老人）」

矢大臣とは、神社の門の左右を守る二体の神像の、弓矢を持ったほうです。居酒屋で樽に腰掛けて飲む姿に似ているので、居酒屋や飲兵衛の別称となりました。しかし、ビヤホールに縄のれんねえ。お客が入りやすくする工夫なんでしょう。程良い和洋折衷とは難しいものです。それにしてもドブロクホールとは慧眼ですね。ビール以外のホールもすぐに誕生するのです。

次は翌年十月十五日の読売新聞の投書です。

「ビーヤホールといふものが出来て一つの平民倶楽部が設けられたやうに思って喜んで居たに、今は早や其の一二を除くの外は純然たる西洋料理店に化して一杯十銭のビールを飲んで快談することが出来なくなった、進歩か退歩かは知らないが兎に角我々の迷惑この上無しだ（書生）」

馬越恭平はビールを大衆化するためビヤホールを企画しました。料理を出さず、ビールだけの提供で安価を実現したのです。「平民倶楽部」「一杯十銭のビールを飲んで快談する」という表現は、まさにこの本質を突いています。しかし、名前だけビヤホールを借用して、中身は西洋料理店という店が生まれます。投稿者は、高級な洋食の注文を強要されて困惑したのでしょう。

明治三十四年七月二十一日の読売新聞の投書です。

「京橋際にキリンビヤホールが出来たので出かけて行って見た所、階下が老舗の商人家ではさすがに鱈ふく飲んで騒ぎ立てる事は出来ず、実に本当の針の筵に座するの感があった。（みすみす飲まず生）」

ペンネームに憤懣が込められています。確かに老舗の二階では騒げませんね。針のむしろとはお気の毒なことです。

その翌年の四月八日付読売新聞の投書です。

「ビーヤホールが出来た次にはラムホールが設けられ今度は竹屋の渡頭にワインホールが造られたが何だか新しいせいか語呂が悪い（今三郎兵衛）」

へえ、ワインホールもあったのですね。

馬越恭平発明のビヤホールがヒットしたのは、ビールを安く飲めるからでした。しかし、このコンセプトを歪めた亜流が飲兵衛を困らせます。そこで馬越はビヤホール考案者として基本コンセプトを強調する店を作ります。それが明治四十二年八月九日の読売新聞で「真実（ほんとう）のビヤホール」として紹介されています。

「大日本麦酒会社にては本九日より吾妻橋庭園内に純粋のビヤホールを開設し、毎日午前九時より午後八時まで開館する由。従来ビヤホールにては、料理の一品位とらねば体裁が悪い云ふ様な感じがして、お客は実際迷惑を感ずる事もあるより、態（わざ）と料理は調進せず、其代りビールは極めて新しく且つ冷たいものを出し、尚「シトロン」も有之（これあり）候と」

お分かりですか。最初は、料理を出さないビヤホールこそ「真実」だったのです。もちろん今は違いますよ。空酒は毒です。

「ビールの味が生む悲劇」

三菱財閥三代目の岩崎久弥という人は随分いたずらが過ぎたようで、三鬼陽之助著『麦酒戦争』にこんなエピソードが載っています。

あるパーティーで岩崎たちが談笑していると麒麟麦酒の社長磯野長蔵が挨拶に近寄ってきました。すると岩崎がキリンではないビールを磯野に奨めます。

「磯野君、たまには他社のビールも飲んでみたら」

こんな言葉を添えてグループ総帥手ずからのお酌ですから、磯野も受けざるを得ません。飲んでの感想を岩崎が問うと、磯野が渋面を浮かべて答えます。

「こんなまずいビールが飲めますか。ほら、舌先がこんなに気持ち悪くなってしまって」

舌を突きだして不快感を示す磯野に、岩崎が言いました。

「いま飲んだのはキリンビールですよ。証人はたくさんいます」

この後の磯野の反応は伝えられていません。戦前、キリンビールの一手販売権を持つ代理店明治屋の社長米井源次郎に対しても、岩崎は同じいたずらを仕掛けて成功させたそうです。人が悪いなあ。

朝日麦酒の社長山本為三郎は、ビールの味の違いについて「そんなこと、わからないよ」と一笑に付したそうです。自分を貶めても問題を揉み消して禍根を残さないのは、さすが大阪商人のしたたかさであり賢さでしょう。

私も立場上、目隠しで各社の飲み分けができますか、などとしばしば聴かれます。もちろん「できません」と正直にお答えしています。「そんなもの簡単さ」と大言壮語して、当れば大喝采、外せば大笑いと、どっちにころんでも座を盛り上げるというのが良い飲兵衛ですよね。つまらない奴でスミマセン。

宣伝部員だった三十代前半、新製品開発に片足を突っ込むように命じられ、一年ほど働きました。開発には味覚の訓練が必要なので、毎週二三回は数種類のビールの利き酒をさせられました。製造部門から工場長経験もある偉い技術者が来て、この会社には独特の酵母の香りがあるとか、麦の旨味に癖があるとか、いろいろポイントを教えてくれるのです。私は平均以下の生徒でしたが、半年ほどで半分以上は当たるようになりました。さすがに専門家による訓練はたいしたものです。

ところが開発の仕事を離れてトレーニングしなくなると、見事に識別能力は失われました。一年も経たない内に酒場で何度も恥をかき、利きビールから逃げ回るようになりました。自転車や水泳など体で憶えたものは忘れない、と言いますが、私のビールの訓練は体に刻まれるほどでは無かったようです。残念。

もっと若い頃のことです。同業他社に勤める大学時代の友人が結婚することになり、その披露宴の余興として、目隠しでのビールの銘柄当てをさせられたのです。

もちろん新郎をヨイショすべき状況ですから、他社の社員である私を肩書付で登場させるのは、引き立て役として「外せ」という意味です。ところが、正解を伝えてくれなかったので、うっかり当ててしまいました。次に登場した回答者には、一番美味しいビールはどれ、という出題でしたが、これも内緒で正解を伝えておくはずが失敗し、指名された瓶の目隠しを外すと他社のラベルが出てしまいました。

主賓席に同社の重鎮が居並ぶ中、ざわつく場内を鎮めるように立ち上がった男、誰あろう新郎その人です。大逆転で自社のビールを当ててみせるはずが、これも打合せと違った瓶の並べ方をしたらしく、見事に間違ってしまいました。

そして新郎は半年後、希望していない地域に転勤になりました。ビールの銘柄当ては、悲劇ばかり生むのです。

さらにひどいのはコラムニストの泉麻人です。新郎や私と学生時代に一緒に芝居や映画を作った仲間ですが、この銘柄当てを仕切った挙句、顛末をそのまま書いて原稿料をせしめたのです。

皆さん、文章を書く人間を友達にしてはいけません。あっ、私もか。

「憂鬱の記念碑」

常識として信じてきたことで、しかも他人様に偉そうに講釈してきたことが全くの嘘だと判ったとき、人間は言葉を失うものですね。そんな悲しいお話です。

ことの起こりは古代のビールのお勉強です。文献を探す中でキリン社が二〇〇四年に出版した『古代エジプトビール：ビールの研究』に再会したのです。エジプト学の権威吉村作治教授とともに古代のビールを復刻する試みはマスコミにも紹介され、当時のビール党をワクワクさせたものでした。これを読み直したところ、とんでもないことが書かれていたのです。

「人類がビールを造った最初の遺物として、１９３５年にペンシルバニア大学考古学チームがメソポタミア地方から『モニュマン・ブルー』と呼ばれる板碑を発掘し、その楔形文字からビール造りの様子を描いたものである事があきらかになったとされている（後略）」

ここまでは良いのですが、後がいけません。

「大英博物館の説明にはビールのことは触れておらず、次のように説明されている（中略）訳：『この石製のタブレットは、その名前Ｂｌａｕ　Ｍｏｎｕｍｅｎｔｓは前の所有者が名づけたものであるが、一対のものと思われる。詳しく解明されているわけではないが、モニュマンブルーは物の交換証書であるようだ』」

えっ、モニュマンブルーはビールとは関係ない、ですって。どうすんだよ、拙著『ビールの世界史こぼれ話』に書いちゃったよ。あっ、ビール検定の教科書にも載せちゃったぞ。

あわてて大英博物館のサイトを検索すると、確かにその通りです。さらに読み進むと、前の所有者はドクターA．Ｂｌａｕだそうです。ブルーとは、醸造を表わすＢｒｅｗだとばかり思い込んできたのに、単なる人名だったのです。

同時代に楔形文字でビールを表す粘土板は幾つも出土しているので、ビールの発祥が紀元前三千年というのは変わりません。それが、せめてもの救いです。

言い訳めきますが、モニュマンブルーを「醸造の記念碑」として、これこそ最古のビールの資料だ、と紹介した書物はたくさんあります。ドイツ文学者でドイツビール紹介の第一人者である植田敏郎著『ビールのすべて』（一九六二）。ホップに踏み込んで解説したキリンビールの北島親著『ビールとホップ』（一九六八）。戦前に大日本麦酒などの醸造技師として活躍し、戦後はサントリービール誕生に関わった山本幸雄著『ビール礼賛』（一九七三）。我々がビールの海外事情を学んだ朝日新聞東京事業開発室編『世界のビール』（一九七九）の中ではアサヒビールの広野辰彦執筆の「ビールの歴史」の項で紹介しています。私を含め業界各社も揃って騙されているのです。

しかも四冊とも「ルーブル美術館蔵」と書いています。でも大英博物館のサイトには、モニュマンブルーをルーブルに貸し出した記録はありません。揃って同じ間違いを犯している、ということは出典が共通なのでしょう。そこで『ビールとホップ』『ビール礼賛』の巻末に掲載された参考文献を国会図書館で調べましたが、日本語の資料には何も無し。外国語の論文は調べられませんでした。外国語ではネット検索を仕掛けましたが、こちらも不発。何も分かりませんでした。

分かったのは、昭和三十年代から偉そうにビールの講釈をしてきた連中が、揃ってモニュマンブルーという虚構に騙されてきた、ということだけ。私も引っかかりました。恥ずかしい。モニュマンブルー被害者の会を作りたいくらいです。

誰が、何のために、という疑問は宙ぶらりんのまま、自分史上でも稀な憂鬱を感じています。記録的な、記念碑的な憂鬱。まさにモニュマンブルー。

つまらないギャグに逃避しています。

「英国人の力の源泉」

二〇二〇年のオリンピックが東京に決まりました。私も祝杯を挙げました。落選しても残念だなあと飲むのですが、やっぱり祝杯のほうがいいですね。第一、楽ですよ、愚妻への言い訳が。

前回の東京オリンピックの時、私は小学四年生でテレビに毎日しがみついていました。特にマラソンには熱狂しましたね。

「四十一カ国七十九人の選手が栄光のゴール目指して走り続ける今日の甲州街道。東京オリンピック最終日、マラソンであります。先頭は、史上初のマラソン連覇なるか、ローマの覇者、エチオピアのアベベです。ローマでは裸足の王者と呼ばれましたが、東京の道路事情の悪さを考慮してか白のランニングシューズで足元を固めています。そしてアベベに遅れること二百メートル、時間にして四十秒。第二位は日本の円谷幸吉です。円谷頑張れ、円谷頑張れ。沿道の日の丸の小旗が、ちぎれんばかりに円谷の背中を押しています」

中学時代に雑誌であのマラソン中継の記事を見つけて暗記し、その私の実況に合わせて、友人がアベベや円谷を真似て走るという遊びを発明しました。大学時代の宴会では、国立競技場に入ってから英国人の世界記録保持者ベイジル・ヒートリーが円谷を抜く白熱のデッドヒート、という新たなクライマックスシーンが加わりました。

でも、皆が実況通りに演じるとは限りません。目立ちたがりがアドリブを仕掛けるのです。アベベが給水を真似て瓶ビールをラッパ飲みしたり、意地になった円谷がヒートリーに抜かせなかったり。ま、受ければ何でもありです。

さて、この東京オリンピックに、なんとビールで金メダルを獲得した、という選手がいました。女子走り幅跳びのマリー・ランドという選手で、これが英国女子初のゴールドメダリストです。

彼女は英国のビール会社で働いていました。今なら社員がオリンピックに出るとなれば、会社は援助を惜しまないものです。でも、彼女に会社が与えたのは、昼食時の社員食堂での無料ビールだけでした。ケチだなんて言ってはいけません。当時はアマチュア規則が厳しかったのです。

この会社はアイリッシュ・スタウトのギネス社です。私は同社の役員から「マリーの金メダルは毎日のギネスで体力を強化したからだ」と自慢されました。ジョークだと思って笑いかけたのですが、そんな雰囲気ではなく、なんとも返答に困りました。三十年も前のことです。

英国人は、ビールとは滋養豊かなもの、と伝統的に考えてきました。十八世紀の英国の生命保険では、ビールを飲まない人のほうが保険料は高かったそうで、それはビールから栄養が取れないからなのだそうです。

第一次大戦中、政府の指示で妊婦にビールを配給した、という話も聞きました。

ある日、飲兵衛が女装して配給の行列に並んだそうです。すると係員が丁重に質問します。

「失礼ですが妊娠していらっしゃいますか」

するとこの飲兵衛、コートの前を開いてビール腹を撫でて見せました。係員は微笑んで、並び続けるのを許したのだそうです。

戦争で酒が払底する中、飲兵衛への粋な計らいに見えますよね。でも妊婦向けなのでノンアルコールだったのです。女装までしたのにねえ。

さて英国人アスリートのパワーはビールが支えたのでしょうか。そして、銀メダルのヒートリーは飲んだのか。

もちろん飲んだに決まっています。その証拠に美空ひばりも歌っています。

「ヒートリー酒場でー飲ーむ酒はー」

さて話を元に戻しまして、英国人がビールこそ活力の源だと信じている例を列挙してみましょう。

最初はシェークスピアが一五九九年に発表した史劇『ヘンリー五世』の中にある、敗勢を覚悟したフランス将校のセリフです。

「あの疲（くたび）れ馬の薬湯たるに過ぎん麦酒なる者が、彼らの冷血を熱せしめてそんな勇気を発せしめるのであるか」（坪内逍遥訳）

大麦は馬の飼料でもありましたから、ビールなんて馬の薬じゃないか、とけなしているのです。

芝居のセリフですから、観客受けが大事です。ここでは、馬鹿なフランス人め、ビールが力の源なんて今頃気づいたのか、常識じゃないか、と思わせることが狙いなのです。

さて次はウイリアム・ホガースの有名な連作版画『ビール大通り』『ジン横丁』です。

一六八九年、英国はオランダから新国王オレンジ公ウィリアム三世を迎えました。有名な名誉革命です。彼はオランダ生れのジンを広めるため、英国への蒸溜酒の輸入を禁止し、国内の余剰麦を活用できるジン製造を奨励します。その結果、十八世紀のロンドンの貧困層は安価なジンに溺れます。

『ジン横丁』は貧困とアルコール依存で荒廃しきったスラム街を描いています。一方『ビール大通り』は裕福な人々が楽しく暮らす明るい表通りです。ホガースはジンを告発し、英国人ならビールに回帰せよと訴えたのです。『ビール大通り』に添えられた詩は、以下の文句で始まります。

「ビール、我らが島の幸せな特産物。苦労も疲労も打ち消して、たくましき筋骨を与えてくれる」

ビールでマッチョになれるのです。

三番目はマーマイトという英国独特の不思議な食べ物です。バターと一緒にトーストに塗る焦げ茶色のペーストで、ビタミン豊富な健康食品として広く親しまれています。

原料はビール酵母です。もともと英国では、ビール製造後に残った酵母を食べると健康に良いと信じられてきました。十九世紀ドイツの科学者リービッヒはビール酵母の濃縮技術を開発し、菜食主義者向けに肉エキスに似た味を出せるペーストを作りました。英国マーマイト社がこれを製品化し、一九一二年のビタミン発見を機に売れ始めます。

味はですね、ええと、少なくとも私は苦手です。確かに濃厚な肉系の旨味と強い塩っ気を感じます。即席ラーメンのスープの粉をそのまま舐めた感じですね。広告コピーは「ラブ・イット・オア・ヘイト・イット」。大好きか、大嫌いか。両極端の反応で当然だとメーカー自身が認めているのです。日本なら納豆みたいな存在でしょうか。それが百年も続いているのは、英国人がビールの滋養強壮効果を信じているからですね。

さて最後は『フランクリン自伝』です。彼は一七二四年から三年間、ロンドンで植字工として修業するのですが、ビールではなく水を飲んで精勤したので、同僚から奇異の目で見られます。

「この連中は、自分たちが『水飲みアメリカ人』と呼んでいるこの私が、強いビールを飲んでいる自分たちより強いのを不思議がった」（荒木敏彦訳）

彼の相棒が一パイントずつ日に六回、つまり三リットル強のビールを飲むのを見て、フランクリンはこう観察します。

「この男は、労働にきく強いからだを作るためには、強いビールを飲む必要があると考えているのだった」

いやいや、その相棒だけでなく、それが当時の常識なのですけどね。フランクリンは、ビールよりパンのほうが安価に麦の栄養を摂取できる、と説得して失敗します。個人の問題ではなく、英国人全体が何世紀にもわたって信じてきたことですから、簡単には変わりませんよね。

でも、うらやましいと思いませんか。ビールは体力がつくというのが常識なら、愚妻に言い訳しないで済むのです。

「海はつながっている」

以前、会社の同僚に誘われて湘南鵠沼海岸のビーチクリーンアップというボランティア活動に参加したことがあります。日曜日の朝から集合して、自然保護団体の方々の指導に沿って海岸のゴミを拾うのです。軍手の老若男女約三百人が腰をかがめている姿は壮観ですが、眼前の大海原と比較するとちっぽけにも見えました。

一時間ほど拾い集めた後、十数人ずつのグループでゴミを分別します。煙草の吸い殻が何百個、PETボトルが何十本、プラスチック片が幾つ、ガラス片が幾つ。グループ毎の集計を事務局が足し上げて、その合計と前年比較や傾向などが発表されます。朝飯前ではありませんが、昼飯の前には終了します。

ゴミは海陸両方からやって来ます。漂着物の中には、触るなと厳命される危険物もあります。私が目撃したのは、ハングル文字が印刷されたプラスチックの汚れた注射器でした。しかも針付き。思わず後ずさりしましたが、一方では、海はつながっているんだなあ、と実感しました。

当社がビーチクリーンアップに参加したのも、これが理由でした。ある環境関連イベントに展示された写真に、ハワイに漂着したゴミが写っており、その中にビール瓶を入れるプラスチックの箱があったのです。箱の腹にはサッポロビールと書いてありました。

　この箱はビール会社に戻せば保証金が支払われます。僅かでも換金できる物ですから、意図的に投棄されたとは思えません。でもハワイに漂着しています。それが現実です。全工場でゴミゼロを達成していても、海洋汚染とは無関係ではないと気づきました。そこで、こういう活動を社員に紹介し、実践しているのです。

　さて、今度は意図的に海を漂流するビール瓶のお話です。ガラス瓶の中に手紙を入れて海に流すのをメッセージ・イン・ボトルと呼びます。海流調査が目的だったり、ロマンチックな遊びだったり。これをタイトルにしたケビン・コスナー主演の恋愛映画もありました。荒井由実の『瞳を閉じて』にも「手紙を入れたガラスびん」が出てきましたね。恐ろしい作品もありました。無人島に漂着した兄妹からの無気味な告白が瓶に入っていたのは夢野久作の『瓶詰地獄』です。

　このメッセージ・イン・ボトルを「ザ・ボトル・ドロップ」と名づけて宣伝に活用したのがギネスです。一九五四年に、手紙を入れたギネス瓶五万本を海に流しました。この瓶を拾ってギネス社に連絡すれば記念品がもらえるのです。世界中で知名度が高いギネスだから成立する仕掛けですよね。すぐに、リバプールで、バハマで、タヒチで、メキシコで「拾った」という反応が返ってきました。これに勢いを得て、一九五九年には十五万本が追加されます。その瓶は半世紀経ってもカリフォルニア、南アフリカ、ウェールズ、カナダで発見されました。二〇〇二年には北極圏でも見つかっています。

このキャンペーンによってギネスは、世界を股に掛ける冒険やワクワク感という新たなイメージを獲得しました。モノを売るのではなくコトを売れ、なんて言われますが、これはその好い例ですね。プロモーションの天才と呼ばれたアレクサンダー・フォーセットのアイディアでした。

海はつながっています。海を通じて、世界の誰かにメッセージが届けられるかもしれません。私もやって見ようかな。

まずは目の前の酒を飲み干して空き瓶を作らなくちゃ。えへへ。ぐびぐび。よし、空になったぞ。さて、何を書こうかな。できるだけ多くの人に届けたいな。

「このボトルを拾った人は、同じ手紙を入れた瓶を三本流してください。そうしないと不幸が…」

あっ、これは絶対ダメなやつでした。

「情弱中年の落胆」

困ったことにネット社会だそうです。私の周囲も、スマートフォンにアプリケーションソフトを入れて、情報を速やかに得ています。ここで軽く「スマホのアプリ」と書けない私は情弱と呼ばれています。情報収集力が弱いと馬鹿にされているのです。

しかしネット検索で何でも分かる、と考えるは危険です。ネット上には無責任な嘘も多く、一つの嘘でも何回も引用されると本当に見えてきます。その点、ネット上の百科事典ウィキペディアは多くの意見が反映されるので、かなり信頼されています。私も資料探しに利用しています。

そのウィキペディアに、私の昔の仕事が掲載されていると聴いて驚きました。それはこの一言。

「そのビール、立って飲むのがお行儀です」

これは私が初めて担当したＴＶＣＭのコピーです。時は一九八九年。商品はミラー・ジェニュイン・ドラフト。米国ビール第二位のミラー社がサッポロビールの濾過技術を活用して八六年に発売した新製品で、米国内で大ヒットしていました。私はこの日本発売のＴＶＣＭ制作を任されました。ミラー社のアジア担当者や広告代理店と協議した結果、CMのテーマは「かっこよさ」に決まりました。日本では珍しい透明な細身の小瓶と、斜めに貼られた黒と金のラベルが、とにかくかっこよかったのです。

ここでちょっと寄り道しますが、なぜ多くのビール瓶が茶色とか深緑色なのかご存じですか。そうです。日光を通さないためですね。ではなぜ日光は禁物なのか。それは一部の成分が変化して不快な臭いを発するからです。これを日光臭と呼びます。

その正体は3－メチル－2－ブテン－1－チオール。ホップの苦味成分が日光で分解された物質に、大麦由来の硫黄分から生成された硫化水素が反応してできた物質です。英語ではスカンキーフレーバー。そう、悪臭の象徴であるスカンクなのです。

では、なぜミラー・ジェニュイン・ドラフトでは日光臭のリスクが高い透明瓶を使えるのでしょうか。それはホップの加工方法に秘密がありました。ホップの苦味成分のイソフムロンには日光で切れやすい部分があるのですが、触媒によってその部分の結合を強化しているのです。従って物質名もテトロハイドロイソフムロンと変わりますが、香味は同じです。この物質はもちろん安全です。最近では二〇〇七年にフランス食品衛生安全庁が、人間ならビール一リットルに当たる量をビーグル犬に九十日間連続投与する実験で安全性を確認しています。

寄り道が長くなりましたが、ＣＭでは透明瓶のかっこよさを強調することになり、アメリカ人の女性モデルが灼熱のリゾートでラッパ飲み、という映像と「立って飲むのがお行儀です」というコピーを採用しました。ビールの小瓶を立ったままラッパ飲みするのは、当時のアメリカでは普通の光景でしたし、特にこのビールを売りたいアウトドアやディスコには良く似合いました。夏の映像なので撮影はフィリピンの無人島で行い、ＣＭは狙い通りかっこよく仕上がりました。結構、話題になったのですよ。

とはいえ三十年も前のことです。本人すら忘れていたコピーがウィキペディアに載っていると聴いて、ワクワクしながら検索してみました。懐かしいなあ。嬉しいなあ。すると、何ということでしょう。縁もゆかりもないメキシコのビールのコピーとして紹介されていたのです。

教訓。ネットなんかでワクワクしてはいけません。

第3章

いつでも
ビールは嬉しい

「仕事の後の一杯の味」

「おめでとうございまぁす」「ありがとうございまぁす」と賑やかに登場する太神楽の海老一染之助染太郎が大好きでした。いつも同じ掛け合いなのに、つられて笑顔になってしまうのです。

「芸をしているのは私です」
「私は頭脳労働を担当しております」
「これでギャラはおんなじ」

染之助さんお得意の芸に「啌え撥：くわえばち」があります。太鼓の撥をくわえて、その上に色々なものを載せてバランスを取ります。ボールを載せて跳ね上げたり、土瓶を載せて回したり。土瓶を斜めにして蓋をはずす時には、染太郎さんが「緊張の一瞬。胸がドビンドビン」なんて駄洒落。

この芸にビールが登場していました。撥の上にシャンパングラスを載せてビールを注ぎます。上手くいった途端に、染太郎さんがスッとグラスを取って飲み干してしまいます。

「仕事の後の一杯はなんとも言えません。カンパーイ」

染之助さんの「仕事をしたのは私じゃないか」と言わんばかりの表情がまた笑わせます。あれだけ汗をびっしょりかいての熱演ですから、さぞや高座の後のビールは最高だろうと思っていたのですが、実は染之助さんはほとんど飲まなかったそうです。咥え撥を支える歯を守るために、酒も煙草も遠ざけて健康管理一筋なのだとか。大変ですね。

それに比べて染太郎さんの「カンパーイ」からは、高座の上の演技を突き抜けたような楽しさが届いてきました。あんなふうにビールを飲み干したいものです。

でも、仕事の後のビールの一杯って本当に美味しいですよね。居酒屋で「お疲れさん」と言いながら同僚とジョッキをガチンとぶつけ合う瞬間。あるいは、出張帰りの新幹線のあちこちから聞こえるプシュッ、プシュッという缶ビールの音。

そしてグビグビッと飲み干す音。プファァーッという深く長い吐息。この一杯のために頑張ったんだよなあ、という気持ちで静かに伝わってきます。

ビール造りには、味や香りを人間が確かめるために試飲する「官能検査」という大切な仕事があります。官能検査では最低でも十数種類は一度に行いますから、合計二リットル以上飲むこともしょっちゅうです。現在の官能検査は全て午前中で、就業後に酔いを残さないようにしています。でも十年前は、夕方四時からの試飲もありました。

技術系の同僚に聞いたのですが、四時に二リットル飲んでも、六時に居酒屋で飲む一杯は格別に美味いのだそうです。それがプロフェッショナルの集中力であり、解放感や充実感のマジックなのでしょう。

そんなことを考えていた時に山本隆著『美味の構造』という本を読んで驚きました。仕事の後のビールがなぜ美味しいか、を実験して確かめていたのです。

まずコンピュータ画面を見続けながら面倒な作業をさせます。事務系サラリーマンのイメージですね。すると被験者には当然、強いストレスが掛かります。それから色々な味の物質を舌に接触させて、味覚の感受性の変化を調べます。

すると事務系サラリーマン的なストレスの後では、苦味の感じ方だけが弱くなっていたのです。そこで唾液成分を調べると、苦味の味覚を抑制する作用のあるリン脂質が増加していることが分かりました。

つまり、精神的なストレスの後では、苦味は感じにくくなっているのです。即ち、ビールはまろやかに美味しく感じられるのです。

一方で、室内での自転車漕ぎという肉体的ストレスを与えた実験もありました。こちらで感度が落ちたのは酸味です。つまりビールの味には変化を及ぼしませんが、ワインは酸味が丸くなって美味しく感じられます。

どうです。精神的ストレスとの違いは歴然でしょう。終業後のサラリーマンにとって、ビールが美味しいのは当然なのです。同書にもこう書かれています。

「サラリーマンが仕事の後でグイッと飲むビールがおいしいのは、ストレス社会を反映しているにちがいない」

この実験のおかげで、咥え撥でのギャグも科学的な根拠が与えられました。つまり、染太郎さんがビールを飲んで「カンパーイ」と陽気に叫べるのは、頭脳労働を担当しているからなのです。

そうか。ビールが美味しいのは、精神的ストレスの証拠で、それはつまり気を使って仕事をしたからじゃないか。今日のビールも美味しいなあ。頑張ったんだよ、俺は。おかわり。あはは、いい気持ちだ。酔いが回ってきました。どんどん回るね。お染ブラザースのあのセリフとおんなじだ。

「はい、いつもより余計に回っております」

「缶ビールのウインク」

美男美女には原則があるのだそうです。それはシンメトリー、つまり左右対称であること。もちろん万人向けの原則ですから、例外はいくらでもあります。片笑窪が妙に艶っぽい、なんていう例外は悪くありませんねえ。マリリン・モンローの口許のホクロも非対称ですし、ウインクもわざとシンメトリーを崩すところに魅力があるのでしょう。つまり、左右対称が美男美女の優等生であって、それが少し崩れると急にセクシーになる、という公式が浮かぶような気がしませんか。ここでスパッと断言できないのは、ウインクされた記憶がはるか遠くだからです。残念だなあ。

縄文式と弥生式の土器について、小学生のときにこんな説明を聞きました。縄文式土器は力強く自由で野性的で、これは左右非対称であるからだ。一方、弥生式が優美で洗練された印象なのは、整った左右対称だからだ。なるほど、左右対称を好むのは文明が進歩した証拠だ、と短絡しました。

ところが、シンメトリー好きは弥生人の特徴ではなく、日本やアジアの民族特性でもなく、人間の特性でもありませんでした。獣でも鳥でも虫でも魚でも、配偶者を選ぶ両性生殖の生物はすべてシンメトリー好きなのです。シンメトリーとは、戦っても傷つかず、強く賢く生き延びてきた証拠です。両性生殖をする以上、この単純明解なセックスアピールには逆らえません。だからシンメトリーは美男美女の原則なのです。

さて、この美的感覚は当然あらゆるデザインに応用されます。自動車のようにハンドルの位置が真ん中でなくても、外形はシンメトリーにこだわり続けています。正面からの「顔」が良くなくては売れないのだそうで、それだけクルマに感情移入しているのですね。

酒場を見回せば、酒瓶もグラスも食器も椅子もテーブルもシンメトリーが多用されています。工業製品に左右対称が多いのには不良品を見分けやすいという効果もあります。

ところで、缶ビールの蓋は左右対称ではないのです。

日本で初めて缶ビールを発売したのはアサヒ社で昭和三十三年。この当時は、穴開け器で飲み口と空気穴の二箇所を開けていました。そしてプルトップ方式を初めて採用したのはサッポロ社で、昭和四十年でした。プルトップとは、リング状のタブを指で引き上げて蓋の一部とともに切り離す方式です。このタブの形状は左右対称でした。

やがて切り離されたタブの散乱が問題視されて、開口後もタブが蓋に付いたままのステイオンタブという現行方式に変わっていきました。この方式が進化する中で非対称となったのです。

蓋に刻まれた切欠きの線をスコアと呼び、この形の通りに穴が開きます。非対称になっているのは、このスコアの形なのです。

リングを手前にして上から眺めると、穴を囲むスコアは奥になりますね。スコアと缶蓋の中心にあるタブとの関係を見ると、スコアはタブの左側には接していますが、右側ではタブと離れているのです。ひらがなの「の」の字のように右側が開いているのです。

なぜこの形なのでしょうか。それは実際に開けてみると分かります。まずリングに指を掛けてタブを起こしますね。すると梃子の原理で開口部が缶の中に押し込まれます。この時のスコアの切れ方を観察してください。必ずタブと接する左側から切れ始めて、切り口は時計回りにゆっくり進んでいきます。

スコアが左右対称だと、開口部を押し込む力も左右均等に掛かります。すると力が分散するので、より大きな力が必要になります。しかも、開く時は一気なので危険です。

つまりスコアを非対称にするのは、小さな力で、安全に、特定の箇所から開けるためなのです。シンメトリーな美女からのウインクには縁遠くなりましたが、缶ビールの蓋だけは私にウインクしてくれます。それもしおらしく「の」の字を書いたりして。

愛おしいですねえ。

「ジョッキの横線」

過日、ジョッキの容量と表示について憤然とした口調で質問されました。

「大ジョッキや中ジョッキの容量って決まってないんですか。店によって随分違いますよね。よその中より小さい大ジョッキだって見ますよ」

お気持ちは良く分かりますが、決まりは無いのです。私も愚妻に懇願して「最後の一杯だから」と注文した大ジョッキが予想より小さくて、心から落胆した記憶があります。

「中ジョッキのサイズのイメージはどれくらい」という調査を見つけました。回答者の約三割が三百五十ミリ、約二割五分が五百ミリ。結構ばらばらですね。前者は缶ビールのサイズからの連想でしょう。後者のサイズは缶にも瓶にもありますが、私は瓶がイメージされているように思います。それは、大ジョッキは大瓶、中ジョッキは中瓶が一本まるまる注げるべきだ、と酒場で初対面の方から力説された記憶があるからです。当方も酔っていたので、往生しました。その通りなら明解でいいのですがねえ。

でも、この感覚をくすぐる売り方は考えられますね。メニューに「当店の大ジョッキは大瓶まるまる一本分です」と書くのです。飲みたくなりませんか。

メニューに各ジョッキの容量が明記されたお店もあります。ただしその多くはジョッキの内側の空間の量です。つまりグラスメーカーの表示通り。しかし、ジョッキの中には泡もありますから、表示と飲める量はイコールではありません。理想的な泡比率なら液体は七割です。さらに泡が液体に戻る分も増えますから、実際に飲める量はジョッキの約八割です。それでも目安にはなりますから、表示してあるほうが有難いですよね。

さて、几帳面でビールに厳しいドイツ人がこの問題を見逃すはずがありません。ドイツの飲食店のジョッキには、七分目くらいの高さに横線があって「0・5L」なんて文字が印刷されています。これが容量を示しているのです。

この表示をフュルシュトリッヒまたはアイヒシュトリッヒと呼びます。これを定めているのは、ドイツの計量標準化を司る国家機関「PTB」です。フュルシュトリッヒは横線と容量表示がセットになっていて「この線まででこの容量です」という意味です。

これを私への土産話にしてくださる方が結構いますが、かなり誤解が含まれています。一番多い誤解は、ビールの液体と泡の境目とこの横線がぴったり合うように注ぐ、という説です。泡の高さが正確に決まっているんだ、さすがビールの本場だね、なんて感想が添えられます。

別の説もあります。液面がこの線を超えていなければ罰せられる、という説です。飲食店にインチキさせないためさ、生ビールは泡でごまかせるからね、なんて不信感を込めておっしゃいます。

前者は泡の量にこだわり、後者は液体の量に神経を尖らせます。でも、どちらも間違いです。フュルシュトリッヒが意味するのはただ「この線まででこの容量です」ということだけです。もちろんメニューに容量表示があれば、その線まで注がなければ不当表示です。しかし、容量が表示されていなければ、フュルシュトリッヒには何の意味もありません。

もう一つ、無関係な例をご説明します。ドイツには伝統的な陶製ジョッキでビールを飲ませてくれるお店もたくさんあります。陶器は不透明なのでフュルシュトリッヒは付けられません。ね、そんなに厳格にやっているわけじゃ無いのです。

私がそんな説明をすると、わざわざ土産話をしてくれた人は不満げな表情になります。でも、これを根拠に日本の生ビールの容量は疑わしい、などと言われるのも困りますから、野暮は承知で、訂正の無礼を働くのです。

ということで横線のお話でした。ヨコシマなお話ではありません。

「缶ビールのハカマ」

先日、久しぶりに瓶ビール用のハカマを見ました。懐かしかったですねえ。お若い方は見たことが無いかもしれませんが、ハカマとは瓶ビールを載せるための低い円筒形の食器です。日本酒のお銚子用のハカマがビール用に転化されたものでしょう。結露した水分を受けたり、転倒しにくくしたりするという機能もありますが、何よりおもてなし感を演出してくれます。

不思議なもので、ハカマから瓶をそっと持ち上げると、グラスに注ぐのも丁寧になりますし、注ぎ終わった瓶もドンとは置きません。電車の連結器のようにカシャリとハカマに収納するのです。

その店は気取らないスナックで、黒のカウンターも特に愛想はありません。でも、きちんと箸置きとコースターが使われ、瓶ビールがハカマを履いているので、ママさんの心遣いが伝わるのです。

生ビール全盛の時代ですが、瓶ビールを手酌で丁寧に注いでいると、しみじみと安らぎを感じます。小津映画の笠智衆になったような気分です。年寄りくさくてスミマセン。

私の自宅には、とっておきの逸品があります。友人の陶芸家松澤三四郎さんに作ってもらった缶ビール用のハカマです。ぼってりと厚手の志野で、直径九センチ強、高さ十センチ強。武骨なペン立てみたいですが、これが優れものなのです。準備は角氷を二、三個入れるだけ。冷蔵庫から五百ミリリットルの缶ビールを出してグラスに注ぎ、缶のほうをハカマに収めます。缶の半分くらいが隠れて、これでビールが保冷されるのです。厚手の志野には断熱性があるようで、当社の研究所での試験でも効果が確認されました。

ワインには食卓に置けるお洒落なワインクーラーがあるのに、缶ビール用にはありません。仕方なくガラス製のワインクーラーを使ったら、大き過ぎて不釣り合いでした。そんなことを愚痴ったら松澤三四郎さんが作ってくれたのです。

松澤さんには十数年前に私が企画した「究極のビヤマグ」を製作して戴きました。ビールの三度注ぎで理想の泡が作れる織部のビヤマグです。昔の恵比寿麦酒記念館で一個一万円の値を付けたら、五十個が即日完売しました。だいたい私の企画は売れないのですが、松澤さんの作品が良かったのでしょう。追加注文したら「同じものを作るのは飽きる」と言われました。作家と職人は違うのです。

二十年前、札幌の飲み放題食べ放題の某店で、たらいに雪を山盛りにして色とりどりの缶ビールを挿し込んでお客様に選ばせていました。飲みたいビールを自分でグラスに注ぎ、また缶は元の穴に挿しておけばよいので、私はその場に留まって十数種類のビールを少しずつ試飲しました。楽しかったですね。

これは缶全体が雪と触れ合っているので、八度くらいが適温であるビールにとっては明らかに冷やし過ぎなのですが、見た目の華やかさに誤魔化されました。雪国の友人からも、バケツに詰めた雪で冷やした缶ビールが一番美味い、と自慢されたことがあります。雪の演出に騙されているのです。

さて、前述のスナックでそんな話をしていたら、隣席の方からご質問を戴きました。自分でも作りたいので、缶ビールのハカマの形を詳しく知りたい、とおっしゃるのです。詳しくと言われても、単なる円筒形で、氷を入れて缶ビールの半分が隠れる高さ、くらいしか条件はありません。陶芸が趣味の方は、どうぞ作ってみてください。これは氷が底面しか当たっていないので、冷え過ぎの心配はありません。

ハカマから顔を覗かせる恵比寿様を眺めながらの晩酌、なかなか楽しいですよ。

「ゆったりと飲む」

貧乏性ですから、豪華客船の旅なんて生涯無縁だと思っていました。ところが二〇一二年の秋、仕事で乗れとの社命がありました。ラッキー！

その船の名は飛鳥Ⅱ。日本最大の乗客八百名を誇る豪華客船です。全長二百五十メートル、高さ四十五メートル。写真では白く優美な姿ですが、岸壁から見た実物は横たわった超高層ビルのようで圧倒されました。

私の仕事は船内でのエンターテイメント。「飛鳥ヱビスを飲みながら聴く午後のビール講座」の講師です。ビヤホールでの席の選び方から注文の仕方、ビアグラスの持ち方、飲み方、食べ方、帰り方など微に入り細に入り、というより微と細ばっかり説明する変な講座です。

集客に不安がありましたが、さすがに企画する方の目は確かですね。募集定員公称四十名に対して初回四十一名、二回目四十七名。二回とも満席とは嬉しいものです。

浮かれて「飛鳥ヱビス一杯無料が効いたのかな」とスタッフに軽口を叩いたら「まさか。飛鳥に乗るお客様ですよ」と叱られました。私以外は皆お金持ちだ、と思うと急に緊張し始めました。筋金入りの小心者なのです。

飛鳥ヱビスとは飛鳥IIの中でしか飲めない特別限定醸造のビールです。元々の恵比寿麦酒は明治二十三年発売。僅か五年でトップシェアを奪取した名品です。戦時中に休止させられ、昭和四十六年に現在の形で復活しました。「バイエルン産アロマホップ」と「長期間熟成」にこだわった麦芽百パーセントビールの定番。コクのある味わいと芳醇なホップの香りでビール通の支持を集めています。

飛鳥ヱビスはヱビスを基本に「ゆったりと時間が流れる飛鳥IIの船内で、ゆったりと楽しめる味わい」を目指して開発されました。でも「ゆったり」とは具体的に何なのでしょうか。技術陣の答は「まろやか」でした。そのために飛鳥ヱビスは二つ、工夫しています。

一つは低温発酵。通常よりゆっくり穏やかに発酵が進むため、上質な香りと「まろやか」な味わいになります。

もう一つは一回煮沸仕込み。少し専門的になりますので面倒くさい方は飛ばしてください。でも信じてね。

飛鳥ヱビスは通常のヱビスより麦芽を多く使用しています。アルコールも五.五パーセントと高めでコクも豊かなのですが、それはガツンとした飲みごたえに繋がるので「まろやか」とはならないのです。でも一回煮沸仕込みが両立を可能にしました。

ビール製造は麦芽のお粥を作ることに始まります。このお粥を煮る温度で六十五度くらいを一定時間保つと、デンプン質が良く分解されて糖に変わります。この糖を酵母が食べてアルコールを作るのです。

では温度計の無い時代に六十五度をどう作ったのでしょう。その答は沸騰。このお粥の半分を沸騰させて、人肌の半分と混ぜるのです。百度と三十度の中間は六十五度。賢いなあ。沸騰には思わぬ副産物が隠れていました。デンプン質が熱変性して、ビールにガツンとパンチが利いた飲み応えが生まれたのです。

普通のビールはこの沸騰を二回行うので二回煮沸、ツー・デコクションと呼びます。つまりパンチも二発。しかし飛鳥ヱビスはたっぷり麦芽のコクがあるので、沸騰でのパンチは一発で十分です。つまり一回煮沸、ワン・デコクションで「まろやか」に仕上げているのです。

素材の美味しさを活かすために、工程を省くという逆転の発想ですね。

ちなみにピルスナーの元祖、ピルスナー・ウルケルは今でもスリー・デコクションです。実は三回が歴史的に最も古いのです。

さて、飛鳥船内のビール講座は聴衆全員が飛鳥ヱビスを飲んで「ゆったり」だったので、私の拙いギャグでも笑いが起きました。何とか二回のステージをこなし、ようやくお金持ちに包囲されて見つめられる、という異常な状況から解放されました。

その直後に飲んだ飛鳥ヱビスの美味しかったこと。

「ゆったり飲め」と講座で力説していたのに、その本人が守れませんでした。

「缶は弱く、瓶は強し」

ビール会社は一生懸命に省エネや省資源に取り組んでおります。アルミ缶もぎりぎりまで薄くしています。昔のスチール缶は丈夫でしたが、今のアルミ缶は軽くてペコペコです。空き缶は風で飛びます。

数年前の夏、宮古島の海岸で缶ビールをひょいと手近な岩に置きました。途端に一陣の風が舞い、あっという間に缶は波の上。己の不注意を悔やみながら靴を脱ぎ、海に入って拾いました。面倒くさがりの私を裸足にさせるほど、宮古島の海は美しいのです。

ええ、飲みかけがもったいないから、なんていう意地汚い理由ではありません。あわてて飲んだけど。

缶胴のアルミの厚さは僅か〇・一ミリです。数字ではピンとこないかもしれませんが、だいたい新聞紙と同じです。他の食品の缶詰はアルミより丈夫なスチールが多く、厚みも〇・二ミリくらいはあります。

家庭用のアルミホイルは〇・〇一五から〇・〇二ミリだそうで、つまりアルミ缶はホイル七枚重ねですから、そう考えると頼りないですね。ところがビールが詰まっていれば固いし重量感もあるので、アルミ缶は強いものだと誤解しているお客様も結構いらっしゃいます。

お客様センターには色々なお問合せを頂きます。缶ビールが一本だけ軽いとか、缶に触るとベタベタするといった現象について、その原因まで推理しながらご意見を賜るのです。

「一本だけ軽い缶ビールがあります。チェック漏れでしょう」

「変にベタベタするけど、缶の塗料が溶けているみたいだ」

「泡が立たないし味も薄い。このビールは製造中に炭酸ガスが抜けたんじゃないか」

想像力に富んだ推理はありがたいのですが、この多くは缶に開いた小さな損傷からビールや炭酸ガスが漏れる「ピンホール」が原因です。運搬中に何か鋭いものとぶつかったり、段ボール内に砂粒が入って缶の間でこすれたりすると、なにしろ新聞紙の薄さですから簡単に穴が開いてしまうのです。

その損傷が自然にふさがることがあります。なんと缶ビールは傷が自然治癒するのです。だって「生」ビール、生きていますから、というのは嘘です。

実は、ビールに含まれる糖分が固まって穴をふさいでしまうのです。これをシュガーセメントと呼びます。そうなると、それ以上は漏れませんから、お客様が不審がるのです。お電話口で缶をよく観察していただくと、あらっ、小さな穴が開いてる、なんて声がしばしば聞かれます。すると多くの方が、傷付けそうなものと一緒にした覚えなんか無いのに、と不満そうに訴えます。

刃物や工具類を想定していらっしゃるようですが、実際はもっと弱々しいものでも傷つきます。例えば自転車のハンドルの前の籠。あそこに缶ビールを入れて走行すると、ガタガタ揺られますね。その勢いで籠の針金の端などが当ると、ピンホールが開く場合があります。それがレジ袋越しでも起こるくらいアルミ缶は弱いのです。

話は変わりますが、イグノーベル賞ってご存じですよね。人々を笑わせつつ考えさせる研究への表彰で、犬語翻訳機バウリンガルとか、マーフィーの法則とか、黒板を爪で引っ掻く音が不快なのは猿が叫ぶ警戒音に似ているからとか、なかなか楽しいものが揃っています。

アルミ缶の弱さとは反対に、ビール瓶の強さに関する研究が二〇〇九年のイグノーベル賞平和賞に輝いています。

昔の映画やプロレスでは、頭上に振り下ろされたビール瓶が派手に砕け散ったりしていましたね。あれは飴や特殊樹脂で作った模造品だそうです。

こちらの研究は本当のビール瓶の頑丈さを測っています。中味入りと空のビール瓶の衝撃力を測定して、どちらも頭蓋骨を破壊できる、というのが結論でした。ええ、ビール瓶は空でも立派な凶器なのです。

破壊力に差が無いなら、空き瓶のほうが軽いだけ有利だ、なんていう実戦に即した考え方はいけません。

あくまで平和賞なのですからね。

「最強の豚の最強」

某所でのビール講座の後で、会場から質問が出ました。

「ビールのおつまみで一番美味しいのは何ですか」

こういう単純な質問は困るのです。味覚には個人差も地域差ありますしねえ。それに、さっきまでの講義で、世界各国には様々なビールがあり、それぞれのお国料理に合うように磨き上げられてきました、とお話したばかりじゃないですか。ちゃんと聴いてよ。

とは言えないので、ビールのつまみについての原則を話し始めました。

「塩と脂とタンパク質。これがビールに合うつまみの基本です。ただビールにも多くの種類がありまして」

「いや、理屈は憶えられないので、具体的な料理の名前をお願いします。日本のスタンダードなビールに向くのが、そうだ、黒ラベルに合う最強のつまみは何ですか」

サッポロの社員である当方に合わせて商品名を織り込んできました。逃がすものか、絶対聞き出してやる、という強い意欲が感じられます。最強のつまみというフレーズにも力がこもっています。最強なら西京漬でしょう、なんて駄洒落は許されそうにありません。

しかし、質問者ご本人のお腹周りを見ると塩と脂で練り固めたように威風堂々としています。隣に座る奥様らしい女性からは、ボリューム系のお料理を推奨したら怒るわよ、という視線が発せられています。困ったなあ。

「では具体的に申し上げます。枝豆。私がオススメしたいのは『湯あがり娘』という品種で、茶豆系の香りとふくよかな甘みが特徴です。いかにもビール向きの名前でしょ」

これは本当に美味しい枝豆です。それにお値段も高過ぎないし、ほっとくと幾らでも食べ続けるご主人には向いていると思いますよ。

その場は無事にやり過ごしましたが、本当は塩と脂とタンパク質のセットが理想なのです。但し、この条件だけでは一つに絞りきれないので、最強のおつまみという枠を拡げて、最強の食材としましょう。

これなら自信を持って申し上げられます。それは豚です。

ビールを引き立てる料理の数なら、豚にまさる食材はありません。洋食ならソーセージにスペアリブ、中華なら餃子に焼豚、和食なら串カツに生姜焼き。さらに大衆的なホルモンに焼トン。一方では銘柄豚の普及により、牛の牙城であった焼肉やしゃぶしゃぶにも侵出しています。庶民の味方であるビールにぴったりの、価格とボリュームで勝負できる質実剛健のラインアップです。美食家かつ大食漢をグルマンと称しますが、ビール党の多くは豚を愛するグルマンでもあります。気取ったグルメなぞ粉砕してしまえ。

え、それじゃあ豚の中で一番ビールに合う料理は何か、ですって。しつこいなあ。趣味嗜好の世界でランキングを付けるなんて野暮ですぜ。

そう言いながら、やっぱり自分なりの一番を考えるのは楽しいものです。ということで私にとってビール最強の豚肉料理を発表しましょう。それはアイスヴァインです。

アイスは氷、ヴァインは脚ですから「氷豚足」と直訳すると、なんだか罰ゲームで食べさせられそうな名前ですね。このアイスには真っ白な脂肪層や調味料の岩塩を意味するという説があります。氷ではありません。

塩漬けした豚の骨付きすね肉をコトコト茹で上げたドイツの伝統料理で、ほろほろ崩れる肉、とろける脂、ぷりぷりの皮の組合せが絶妙です。熱々をたっぷりのマスタードで頬張り、そこにビールとくれば、もう、なんとも、ね。

一緒の鍋で茹でて骨からの旨味がしみた馬鈴薯や人参、口直しのザワークラウトと、お野菜も豊富です。この一皿で大満足、と保証付きの逸品です。

これを最強と推したいのは、ドイツ料理店かビヤホールでしかお目にかかれないからです。つまりビールとの共存率百パーセント。それも本格派のビールです。

実はアイスヴァインには欠点があるのです。骨付きすね肉一本分が単位なので、一皿が三人前以上、つまり大人数でしか注文できないのです。しかし、この欠点もまたアイスヴァイン最強説の根拠となります。大人数で本格ビールと一緒に、となれば、どうしても会話が弾みます。

ビールは本来、大勢の人と会話しながら楽しく飲むお酒なのです。

ビール党は、もっと豚に感謝しないとね。

ところで、ビールに枝豆という夏の晩酌には、風鈴の音や蚊取り線香の微かな煙なんかが似合いますね。豚つながりで話を拡げますが、蚊取り線香を入れる陶器がどうして豚の形なのかご存知ですか。

諸説ありますが、私の好きなのは猪由来説。蚊取り線香には火の用心が必要ですよね。そこで、火伏せのご利益で知られる愛宕神社のお使いである猪を模したのだそうです。すると、それがだんだん豚に似てきた。確かに、煙を出す口を広くしたり、中を広げるために太く寸詰まりにしているうちに豚っぽくなりますよね。本物の猪が人間用に改良されて豚になったのと、奇妙に符合していて、ちょっと申し訳ない気持ちです。

「光って終わる」

珍しくテレビに出演したので、放映日は早めに帰宅しました。ＢＳイレブン火曜二十三時の

『リベラルタイム』です。素面では視られないのでビールと焼酎のちゃんぽんで酔いを早めます。愚妻は隣でにやにやしています。番組が始まり、司会の渡辺美喜男さん、田代沙織さんと私のスリーショット。いきなり愚妻が叫びました。

「いやだ。お父さん、太ってるわねえ。あの司会の人は小さいの」

いえいえ。渡辺さんは私より背が高いし身体もがっちり。よく日焼けしてシャープな印象です。インドア、色白、運動音痴の私とは正反対。

「ほら、あの、白は膨張色だからね」

しどろもどろの私に、すぐ二の矢、三の矢が飛んできます。

「眼鏡がずり落ちてるじゃないの。目があるかないか、分かんない顔ね。下ばっかり見て落ち着きがないし」

厳しいなあ。トーク番組なのに愚妻は見た目重視なのです。では内容重視の本書読者に、この番組で述べた「若者のアルコール離れ」についてご紹介しましょう。

その遠因は、戦前と戦後での日本人の飲み方の違いにあります。これは文化人類学者の石毛直道などが提唱して、多くの賛同を得ています。戦前の飲み方は「たまの宴会でへべれけ」というものでした。お酒は高級品ですから「たま」にしか飲めません。その多くは「宴会」です。

日本人の宴会の原型は「直会（なおらい）」で、神事や祝祭の後に関係者が行う懇親会です。共同体の仲間意識を強化するための会ですから、粛々と飲むのではなく一緒に「へべれけ」になることが必要なのです。だから日本型宴会では「全員で乾杯」したり、「杯のやりとり」があったり、「余興の披露」があったりして、全員が非日常に踏み込んでいくことが強制されます。お酒は「非日常を共有して仲間意識を強化する社会的役割」を担っていたのです。

ところが戦後、生活が豊かになり、お酒が相対的に安くなる中で「毎日の晩酌でほろ酔い」という飲み方が生まれ、高度成長期を経て主流になっていきます。酒が安くなって毎日飲めるようになった。これで企業戦士たちはストレス解消を果たします。お酒の社会的役割が「共同体の仲間意識の強化」から「個人のストレス解消」に変わってきたのです。毎日飲むからへべれけにならないように「ほろ酔い」で止めますが、毎日飲めば量は飛躍的に増えます。戦前の昭和十五年に約百万キロリットルだった酒類の課税移出数量は、昭和五十五年には約七百万キロへと急成長するのです。

ところが「ストレス解消」はお酒の専売特許ではありません。二十代にとっては「ネット」「ゲーム」「アニメ」「ひとりカラオケ」「ひとりディズニー」など多くのストレス解消手段があります。ですからお酒を必要としなくなるのは当然です。

この対策としては、お酒に関わる我々がストレス解消以外のお酒の価値を若者に訴えるべきです。例えば「お料理の味を引き立てる」「仲間との会話が弾む」「世界の文化に触れられる」「純粋にお酒の美味しさを究めていく」など、いくらでもあります。若者にもっとお酒の多彩な魅力を訴えていきましょう。

ね、結構いいこと言っているでしょう。でも愚妻は「ひとりディズニーなんて二十代だけじゃないわよ。えっ、私に対する皮肉なの」なんて言うのです。

さんざん愚妻の駄目出しに耐え、ようやく最後の場面です。話し終えて「ありがとうございます」と頭を下げました。その瞬間に愚妻の声が飛びます。

「頭のてっぺんが見えるほどお辞儀しちゃ駄目でしょ。光って終わってどうするの」

あ痛たたたたたた。

「乾杯の起源」

ネットの発達により、一般の方々も世の中に向けて自らの見解を発信できるようになりました。それは良いことですが、困った点もあります。雑学や豆知識と称して、出典不明の嘘が垂れ流しなのです。

乾杯の起源は毒殺の防止だ、という珍説もネット上でよく見る嘘の一つです。権謀術数が渦巻く古代において、酒に毒を盛る暗殺が流行ったので、杯を激しく打ちつけて互いの酒が混じり合うようにした。これが乾杯の始まりだ、と言うのです。

舞台をギリシャの神殿やローマの貴族の集まりにして具体性を付けたり、砒素を見破るために銀杯を使うという別の情報を絡ませたりして、それらしく仕上げたのもあります。でも、ネットで拾ったネタを転用しているだけなので、出典が示されることはありません。

山本千代喜著『酒の書物』という大作があります。昭和十二年に丸善が開催した「西洋好事本展覧会」に出された酒と食の稀覯本のほとんどを酒問屋の明治屋が買い取り、それを山本氏が訳出していったもので、もちろん出典が細かく明示されています。

同書は乾杯の起源を「古代人の酒宴の風習」の中で「神様に一杯の神酒を捧げる」ことから「互いに飲みっこする：ｐｌｅｄｇｅ　ｅａｃｈ　ｏｔｈｅｒ」ことに移ったことに始まると解説しています。この「ｐｌｅｄｇｅ」の原義は「保証」です。では何を保証するのでしょうか。

「もともと西洋の乾杯は二心のないことを保証ｐｌｅｄｇｅすることが第一義である」

「祝杯を飲まうとする者はその前に、先づ隣席の仲間の者に、保証して呉れるか否かを訊く。するとその仲間が『ヨシ保証して上げやう』といって自分のナイフか、刀かを取上げて、祝杯を飲み終るまで防護してゐる（中略）杯から酒を飲んでいる間は、無防備状態（中略）乾杯中の人の安全の保証」（同書）

乾杯は、飲む間の安全を保証することが始まりだったのです。酒を飲む間も油断できない物騒な時代だったのですね。

この風習の起源となった事件があります。九七九年、エドワード殉教王が継母を訪ねた時のことです。この継母は自分の実子を王位につけるため王の命を狙っていました。それを知る王は、馬から降りずに挨拶します。すると継母は、騎馬のままでよいから酒を飲めと言います。王は角杯にワインを注いで継母に渡し、彼女は半分飲んで王に返しました。その杯に口をつけた隙を狙って継母の家来が王を刺殺したのです。

でも、同時に乾杯する風習はギリシャ時代にも見られるので、この八世紀の事件が起源だという説には山本氏も疑問を呈しています。

それにしても、冒頭でご紹介した「毒殺予防のため酒が混じるように杯をぶつけ合う」という不合理な嘘を誰が考えたのでしょうね。上手く混じるはずがないのにね。エドワード殉教王の話のように、同じ角杯を回し飲みするほうが、よほど合理的です。では杯をぶつけ合うことについて、山本氏は以下のように説明しています。

「祝杯を飲む前に、杯を触れ合せる風習（中略）は右手と右手とで握手をするのと同一の安全観にその源を発している（中略）兇器を隠持ってゐないといふ保証として、さうするのである」

互いに攻撃しない、されないという証明だったのです。

また決闘の儀礼を紹介する中で「決闘者は（中略）セカンド（介添人）が差出すワインの杯を飲む（中略）毒を入れてないといふことを明示する為めに、先づ一方の杯にナミナミと注ぎ、次にその半分を相手の杯に注ぎ分ける」と書いています。乾杯で酒を混ぜようとするより、よほど合理的ですよね。

とにかく、乾杯は飲む際の安全保証から始まったのですが、それは毒殺への用心ではありませんでした。

皆さん、安心して乾杯してください。酒は百薬の長であって、毒薬の長ではないのです。

「○○に乾杯」

世の中にはお酒を飲まない乾杯もあります。小説や映画のタイトルで「○○に乾杯」というのを見たことがあるでしょう。賞賛や応援の意味で使われています。最近では人気テレビ番組『家族に乾杯』とか、古くは二十一歳の吉永小百合がスチュワーデスを演じた日活映画『大空に乾杯』とか。どのくらいあるかと国会図書館で「○○に乾杯」を検索したら何と千二百以上もヒットしました。

もっと古くて有名なのは「君の瞳に乾杯」ですね。一九四二年のアメリカ映画『カサブランカ』でのハンフリー・ボガートの名台詞。でも原文は「Here's looking at you, kid」です。この台詞は四回も出てくるのですが、その最初がイングリッド・バーグマンと乾杯するシーンなので、この名訳が生まれたのでしょう。

英語で「○○に乾杯」は「toast to ○○」ですね。山本千代喜著『酒の書物』ではこの起源について二つの説を紹介しています。

「イングランドのエールは絶望的な酒であった。それだから、crab-apple（山林檎、野生の苦味のある林檎）をトーストしたものを杯に投入して、エールの味を調へることが習慣であった」
「トーストといふ語は健康を祝する祝杯のワインの中へトーストの一片（中略）を投じた習慣から起った」

前者はエールに焼林檎を入れたもので、中世英国の乾杯用カクテル「ワセイル・ボウル」のことです。後者のトーストは焼いたパンです。ワインに入れるとありますが、このワインという言葉が葡萄酒か酒全般を示すのかは不明です。エールの味を良くするためにトーストを浸す、という事象は他の資料にも散見されるので、ビールを含めた酒全般かもしれません。

我々が御飯のお焦げにわくわくするように、彼らも麦の焦げた香りが好きなのですね。ビールの麦芽は発芽を止めるために熱で乾燥させるのですが、そこで生じるお焦げの香りもビールの美味さを支えています。現在の標準的な麦芽は八十度くらいの熱風で乾かすので、ほとんど焦げない淡色麦芽になるのですが、わざと高熱で焦がす方法もあり、これは黒ビールなどに使う濃色麦芽になります。この熱風乾燥方式は十七世紀に始まるので、それ以前のビールは現在より色が濃く、お焦げの香りも強かったでしょう。それでも足りずにトーストを浸すのですから、やっぱり焦げた直後の香ばしさが欲しかったのでしょう。ビール自体がぬるいので、違和感が少ないのかもしれません。

英国紳士たちは乾杯を美人に捧げました。トースト・トゥ・キャサリンなんて感じですね。何度も乾杯を捧げられる美人もトーストと呼ばれました。同書ではその起源となった十七世紀英国のある事件を紹介しています。

「或る緑日にＣｒｏｓｓ　Ｂａｔｈに一人の当時有名な美人が入浴してゐた。彼女のファンの群衆の一人が、彼女が入ってゐる湯を酌み採って、群衆に向って彼女の健康を飲んだ。丁度其の場に一人の泥酔した男が居合せたが、湯槽へ飛込むのだと云ひ出し酒は欲しくないが、トーストを欲しいのだと云った（中略）此の事あってより以来、乾杯に指名される淑女をａ　ｔｏａｓｔと名づける」

入浴中の美人を、エールに浮かぶトーストに喩えたのですね。しかし、美人の入ったお湯を人前で飲むのは普通のことだったのかしらねえ。

そういえばトーストと並ぶ英語の乾杯は「チアーズ」です。これも賞賛や応援を意味します。そうです。チアガールやチアリーディングのチアと一緒です。そう説明して、初めて気がつきました。私がスタジアムでチアガールにばかり目が行くのは乾杯好きだからですね。

「悪い乾杯、良い乾杯」

「新郎新婦の末永き御幸せを心から祈念いたしまして」
「この優勝の栄誉を讃えまして」
「卒業生一同、無事に再会できた喜びを」

乾杯には、それぞれのテーマがあります。会の主旨を全員で共有してこその乾杯ですから、音頭取りには簡潔かつ明瞭な言葉が求められます。ですから、こんな言葉は不要です。

「乾杯の前のご挨拶は手短かにするのが礼儀ですし、第一、ビールの泡が消えてしまうといけませんので」
「挨拶とスカートは短いほうが喜ばれると、これは私が言ったんじゃありません、昔、先輩から教わったのですが」

短い挨拶を求められているのに、短くてゴメンと言い訳して、その分だけ無駄に長くしてしまうのです。

世界中を見回して、乾杯のテーマで最も普遍的なのは「健康」でしょう。日本でも「ご列席の皆様のご健勝を祈念いたしまして」なんて言いますよね。

フランスの「ア・ヴォートル・サンテ：À votre santé！」は「あなたのご健康に」という意味です。ポーランドの「ナ・ズドローヴィエ：Na zdrowie」も「ご健康を」という意味です。ロシア語も「ナ・ズダローヴィエ」で、ほぼ同じです。イタリアの「サルーテ：Salute！」、スペインの「サルー：！Salud！」、ポルトガルの「サウーヂ：Saude！」、これらは全て「ご健康を」という意味です。スペイン語とポルトガル語の乾杯が「健康」ということは、つまり中南米全部が一緒なのです。

中世英国の乾杯の言葉は「Wassail」ですが、これは「Waes heal」が一語に詰まったもので、これもWaesがbe動詞で、healがhealth、つまり「Be healthy：健康であれ」という意味でした。

これだけ多くの国で「健康」がテーマになっているのは、やはり万人共通の願いだからでしょうね。老若男女、貴賎貧富、あらゆる人々が入り混じった大宴会であっても、健康というテーマなら苦情は出ないでしょう。

お医者さんや薬屋さんから「健康は商売上困るので、その乾杯には反対します」なんて抗議されたという話は聞いたことがありません。

健康を願って乾杯しても、その結果が不健康につながることは良くあります。そこで今回は世界の三大「やってはいけない乾杯」を私が選んでみました。まず一つ目は日本の「イッキ飲み」です。一九八四年の酎ハイブームの辺りから若年層を中心に流行り始め、新歓コンパなどで次々と救急車騒ぎを起こしました。

次は韓国の「爆弾酒」です。ビールのジョッキの中にウイスキーを満たしたショットグラスを沈めて、ビールごと一息に飲み干すというもので、中味はアメリカのボイラーメーカーというカクテルと同じですが、乾杯でイッキという手法のために危険度は三倍です。ちなみに三倍とは当社比ならぬ私の当人比で、三杯連続イッキ飲みに匹敵する衝撃です。はい、頼まれないのに実験しました。

そして三番目はメキシコの「モペット」です。これには第三者の手伝いが必要です。まず本人が酒を飲み干します。次に第三者が、片手で本人の顔にタオルをあてがい、反対の手で後頭部をがっちり挟みつけます。そして本人の頭を激しくシェイクするのです。

わずか十秒ほどですが、力任せに振られる方は大変です。終わっても茫然自失で、しばらく言葉も出せません。この様子はネット上の動画で見られますが、多くの場合、その第三者はお店の人のようです。遊園地の絶叫マシンみたいに、異常体験を提供するサービスなのでしょう。タオル越しで聞こえませんが、きっと絶叫しています。

反対に「やってみたい乾杯」もあります。

数年前、ベトナムに赴任した同僚が一時帰国した飲み会で「端田さんなら喜んでくれると思いますが、ベトナムの乾杯は猪木式です」と意味不明の報告を受けました。私は力道山以来のプロレスファンですから、アントニオ猪木の名前が出るのは嬉しいのですが、乾杯が猪木式と聞いても首を傾げるばかりです。

ベトナム語の「一、二、三」は「モッ、ハイ、バ」です。ベトナムの乾杯は「モッ、ハイ、バ」を全員で唱和した上で「ダァーッ」の代わりに「ヨォーッ」と力強く叫び、ジョッキを天高く突き上げます。このリズムの取り方が猪木式の「一、二、三、ダァーッ」なのですね。都内の某ベトナム料理店では「モッ、ハイ、バ、ヨォーッ」だけでなく「モッ、ハイ、バ、ヨォーッ」「ハイ、バ、ヨォーッ」「ハイ、バ、ヨォーッ」と言葉をかぶせながら盛り上げていく方法も教わりました。猪木的なリズムだからか、とても元気が出る乾杯です。

イタリアの乾杯は「サルーテ」が普通ですが「チンチン：Ｃｉｎｃｉｎ」というグラスの音に由来した言葉もあるそうです。日本人として「やってみたい乾杯」かどうかは微妙ですが、酒場の近所の犬が一斉に両前足を挙げてくれるなら、喜んでやります。

次の「やってみたい乾杯」は、十七世紀のフランドルの画家ヤコブ・ヨルダーンスが描いた

「酒を飲む王様」という作品の中の世界です。一月六日は、東方の三博士がキリストに初めて出逢って礼拝した日なので、公現祭という祝日です。当時のフランドルでは、この日に王様と家来たちに扮して宴会をやる風習がありました。それを描いたのが「酒を飲む王様」です。画面の中央で太った王様が赤ら顔で飲んでおり、その脇で男が身を反り返らせて何事かを叫んでいます。これは「王様がお飲みになったぞ」と告げて、一同に一緒に盃を挙げるよう促しているのです。王様ごっこで酒を飲むのは単なる遊びではなく、非日常を共有して仲間の絆を強める仕組みです。神聖にして馬鹿馬鹿しく楽しい乾杯です。参加したいなあ。

北海道各地のビール会で行われるサラマンダー礼式も「やってみたい乾杯」です。ビール会は明治時代の札幌が発祥で、地元名士の懇親ビアパーティーです。私は若い頃、サッポロビール会の事務局を手伝ったのでよく見ていましたが、自分で演じたのは数回しかありません。リーダーの指示に従って全員が一斉に複雑な動作と発声を行いながら乾杯に至るもので、上手くできると達成感と一体感でビールが美味しくなります。

さて「やってみたい乾杯」としてご紹介する最後は「ブルーダーシャフト：Ｂｒｕｄｅｒｓｃｈａｆｔ」です。ドイツ語で「兄弟の絆」を意味する乾杯です。二人で向かい合い、ジョッキを持った腕を互いに交差させながら乾杯するのです。日本ではクロス乾杯という無粋な名前で紹介されていますが、ブルーダーシャフトのほうが力強くて心に響きますよね。

この言葉でネット検索していたら、ベルゼブブとブルーダーシャフトで乾杯しているポーランドの漫画が出てきました。ベルゼブブとは聖書に出てくる悪魔で、この乾杯をすれば悪魔とも仲良くなれるというのです。英語の解説で、この乾杯は「Ｓｉｅ」が「Ｄｕ」に変わるとありました。Ｓｉｅはドイツ語の二人称で「あなた」で、Ｄｕは同じ二人称でも親密な「お前」です。つまりブルーダーシャフトで乾杯すれば「俺お前の仲になる」のです。

やってみたい乾杯はいろいろありますが、それぞれ意味があります。ただ飲みたいだけじゃないのです。信じてください。

「アワイチノススメ」

さて乾杯は宴会の一部であり、日本の宴会の原点は直会です。だから乾杯を知るには直会を理解する必要があります。

直会とは、神事や祝祭の最後に参加者一同が揃って飲食する行事です。同じものを食べて、俺たちは一緒に御輿を担いだ仲間だ、同じ神社の氏子だと共同体の絆を強化するのです。ちなみに直会までが礼講で、以後は無礼講になります。本居宣長は、直会とは「なほりあひ」の略で宗教的非日常から日常に直るという意味だと『続紀歴朝詔詞解』の中で解説しました。

共同体の強化を目的に飲食をともにする行為は世界中にあり、文化人類学では共飲共食儀礼と呼ばれます。共食は人間に特徴的な行為です。動物は基本的に孤食なので、食べ物を分かち合ったりしません。シマウマの群れが一斉に植物を食べている光景などは仲良しに見えますが、安全に食事できる環境だという個々の判断がたまたま合致しているだけなのです。

先日、夫婦共稼ぎの家の子供に孤食が多い、という記事を読んで無闇と悲しくなりました。人間らしさの喪失に繋がると直感したのです。子供時代の私は親の監視下で食べるのがうっとうしかったのですが、一人で黙々と咀嚼するよりはましですね。

脱線しました。直会の本質は共飲共食儀礼だという話でしたね。直会は儀礼ですし、礼講ですから、それらしい形式が必要です。しかし今日の宴会での儀式は、最初の乾杯と最後の手締めくらいしかありません。だから、乾杯を大切にしたいのです。

町おこしのきっかけとして、若者、馬鹿者、余所者と良く言われます。この人たちが乾杯の輪に加わっていれば、地域の活性化に繋がる可能性は高まります。乾杯にはいろんな効能があるのです。

　でも強制はアルコール・ハラスメントです。ちなみに、イッキ飲み防止連絡協議会が定めたアルハラの定義は以下の五つです。

「飲酒の強要」

「イッキ飲ませ」

「意図的な酔いつぶし」

「飲めない人への配慮を欠くこと」

「酔ったうえでの迷惑行為」

　乾杯がこれに抵触しては困ります。しかし、直会は神様に供えたものを共飲共食しますから、飲めない人にもお神酒が注がれます。さあ、どうするか。

　そんな時、私はノンアルコールビールをお勧めしています。それが無い時は「アワイチ」という手があります。

　数年前、ある地方都市の居酒屋で飲んでいた時、隣席の男性グループの一人が遅れて到着しました。早速ビールグラスが手渡されますが、その方は車のキーを振って見せました。体調を崩した娘さんを病院に送ってきたので、二時間後に迎えに行くと言います。彼はグラスを持つと「だからアワイチでお願いします」と差し出しました。仲間内の符丁なのでしょう。少しだけ泡だらけのビールが注がれました。アワイチとは泡一センチなのでしょうか。

「乾杯」

飲むかと思ったら飲みませんでした。ほとんど空のグラスに鼻を突っ込んで飲むふり。後は別のグラスでウーロン茶を飲んでいました。感心しましたねえ。飲めないけど同じものを、という気持ちでアワイチが発明されたのでしょう。まさに直会の精神です。

そして私は突然気づきました。これはホップだ。

実は、ホップの香りには人間をリラックスさせる効果があります。その証拠に、リラックスした時に出るアルファ波という脳波が、ホップの香りを嗅がせた人間から観察されているのです。

ノンアルコールビールもホップは本物です。アワイチでもホップの香りを嗅いでいたはずです。それでアルファ波が出れば、気持ちよく宴会に溶け込んでいけるのです。

ですから、飲まなくてもビールで乾杯しましょう。アワイチを考えた人を表彰したい気分です。

「豪州のビール党は泡嫌い」

ビールのグラスの内側に、泡の痕跡が綺麗な平行線を描くことがあります。白いレース編みに似ているのでビアレースとかレーシングなどと呼ばれます。この線の数は、何口で飲み干したかを表します。但し、飲んだ回数より線は一本少なくなります。五口なら四本、三口なら二本。ひと口で飲み干せばゼロです。

ドイツ人に比べると日本人のグラスは線が多いので、ビールはちびちび飲むものじゃない、と馬鹿にされますが、そりゃあビール大国にはかないません。

その一方で、線が無いと馬鹿にされる国が二つあります。まずはイタリア人。飲みながら前後左右の女の子に話し掛けるのが忙しくて、そのたびにグラスを前後左右に振り回すので線が消えてしまう、というのです。そしてもう一つがオーストラリア人です。どんなグラスでも一気飲み。なるほどね。このジョークを教えてくれたのはドイツ人でした。もちろん彼のグラスには等間隔に線が付いていました。有言実行ですね。

さてジョークにされるくらいですから、オーストラリア人は大のビール好きです。彼らのこだわりについて、同国研究で知られる社会学者S教授から教わりました。私のゼミの先輩で、昔はマックス・ウエーバーを教わりましたが、今はビール・サーバー。私の脳みそは着々と退化しているのです。あはは。

彼が豪州留学していた若い頃、現地のパブで驚くべき光景を目撃したそうです。カウンターで新米のバーテンダーがビール・サーバーの練習をしていました。日本なら三割弱の泡を立てますが、オーストラリア人はビールの泡を嫌います。彼らが目指す注ぎ方は泡が限りなく薄いことなのです。そのバーテンダーは、二ミリも泡が立つと残念そうに首を振り、ビールを捨ててしまいます。それを何度も繰り返すのだそうで、S教授は高潔な方ですから言葉にしませんでしたが、もったいないなあ、飲ませてくれないかなあ、と思ったに違いありません。

S教授が作ったビールのクイズがあります。友好的なはずの日本人とオーストラリア人が一緒に瓶ビールを飲めないのはなぜか、というのです。

まず日本人がお酌をしようとします。オーストラリア人は喜んでグラスを持ちますが、泡を立てられないよう瓶の口にグラスを近づけます。泡を立てるべきだと信じている日本人は、グラスから遠ざけるために瓶を高く持ち上げます。すると相手は離されまいとグラスを高くし、グそれに対して当方は瓶をさらに持ち上げる、という繰り返し。際限なくグラスとビールが上昇していき、結局ビールは注げません。

逆にオーストラリア人がお酌しようとすると、グラスはどんどん低くなっていき、二人とも前屈状態になってしまいます。だから永遠に飲めないのです。そんな馬鹿な。

もちろん、これは昔の話です。最近は相互理解も進み、適当に相手に合わせているそうです。さらにS教授は、オーストラリア人はお酌を受ける際に必ずグラスを斜めにする、という観察も披露してくださいました。これも泡を立てない工夫ですね。一方で、海外経験の増加によって泡を立てる人々も増えているそうです。これも一種のグローバル化でしょう。

さて、この泡嫌いは母国イギリスの影響ですね。伝統的なエールは炭酸ガスが少ないので、泡も少なめになります。しかも時間をかけて飲みますから泡は消えます。

しかし、イギリスのエールの泡は進化しています。それはビア・エンジンと呼ばれる樽からエールを注出する器具が三種類に大別されていることで明らかです。

まず井戸と同じ原理のハンドポンプ式です。エールの弱い炭酸そのままに泡が余り立ちません。二番目はハンドポンプの出口にスパークラーという器具を付けたものです。複数の細かい穴を経由するのでキメ細かい泡が立ちます。

三番目はスワンネック式。曲がったパイプを途中から細くしてあります。ここで流速を早めることで圧力が落ちて発泡します。スパークラーよりキメ細かい泡が立ちます。この泡はねっとりしたクリーム状ですから、これで豪州流の二ミリ以下の泡は作れません。なぜ流速が早まると圧力が落ちるかというと、ええと、ベルヌーイの定理という奴を勉強してください。私は文科系ですから説明は控えます。

こういったビア・エンジンの原点は樽に直接注ぎ口を付けた自然落下方式ですが、現代では稀にしか使われていません。

さて、イギリスでは醸造家や店主が美味いと信ずるところに従って、ビール毎に泡を変えて注いでいる、そのために器具も変えている、と聞くと、ビール党なら誰しもワクワクしますよね。

もちろん、こういったビア・エンジンは日本のビアパブでも使われています。

ええ、泡の量は美味しさが基準なのです。損得じゃないんですよ。

「ビール腹の作り方」

今夏、カナダのウォータールー大学の研究チームが、飲兵衛の気にさわる発表をしました。週二回のビンジ・ドリンキングが体重を増加させる、というのです。

ビンジ・ドリンキングとは暴飲のことで、カナダ国家統計局の定義では男性八ユニット以上、女性は六ユニット以上です。ユニットとは欧米で使われる単位で、純アルコール十ミリリットル、重量なら八グラムを意味します。八ユニットは、ビールなら一・六リットル、中瓶三本強ですから、それで暴飲だと言われると私は毎日になってしまいます。カナダ人じゃなくて良かった。

ちなみに、肝臓が一時間に処理するアルコールの平均値が約一ユニットです。もちろん個人差は大ありです。

同研究チームは八十九校の高校生にアンケート調査して、週二回の暴飲により年間十一万キロカロリー強の過剰摂取となることを明らかにしました。これは脂肪十五キロ分に相当します。ビールでもワインでも関係ありません。暴飲は肥満に繋がるのです。

さて、ビール腹の定義や語源についてはネット上に怪しげな解説が載っています。「ビア樽に似ているから」とか「明治初期に横浜に来たドイツのビール職人の腹を見て」とか。でも、証拠となる資料等は全く示されていません。日経トレンディネットの署名入り記事で「そもそもビール腹はビールを飲むことでお腹が出てきたことを指す言葉ではなく、内臓脂肪型のぽっこりと出たお腹がビール樽に似ていることからいわれるようになった」と解説していても出典は明示されません。これがネット流なのですかね。

私も会社の大先輩から「ビール腹は、明治時代のビヤホールの前のガンブリヌス像（ビールの王様）を見て」という説を聴きましたが、出典は探せませんでした。五里霧中です。

私が思い当たったのは、小説『金色夜叉』中編の冒頭、新橋駅の雑踏を描いた一節です。

「老欧羅巴人は麦酒樽を窃（ぬす）みたるやうに腹突出して」

高齢のヨーロッパ人の腹が、盗んだビール樽を隠しているように見えたのです。洋樽は日本古来の樽と違って中膨れですから、外国人の腹の形容にはぴったり。さすが尾崎紅葉ですね。これがビール腹という言葉を流行らせた始まりかも、と私は妄想しています。

ところで国語辞典はどうでしょう。初出が記されていれば一気に解決だと、勇んで国会図書館に行きました。

『広辞苑第六版』の記載は「太って丸く突き出た腹。ビールを飲みすぎるとなるという俗説がある」です。あくまで形状が主眼で、原因は俗説と切り捨てています。

一方、平凡社『大辞典』は「麦酒を飲みてふくれたる腹」で、大倉書店『日本大辞典言泉』は「常に麦酒を飲む人の、腹部の肥えふくれてあること」です。原因重視ですね。

形状か原因か、と他の辞書も当たりましたが、冨山房『新編大言海』、学研『国語大辞典』、小学館『大辞林』、三省堂『広辞林』のいずれにも出ていません。国語学者には、ビール腹で悩む人が少ないのかしら。

英語のスラングにはビアベリー（腹）やビアマッスル（筋肉）やビアガット（内臓）があります。面白いのはモルソンズマッスルで、モルソンとはカナダ首位のビール銘柄です。カナダ人にはビール腹が多いのでしょうか。これらの解説にはビール原因説も形状説もあったのですが、どれも出典は曖昧でした。世界に眼を転じても五里霧中のまま。残念です。

謎は解けませんでしたが、とにかくビール腹には注意しましょう。ここで一句。

発泡酒だけを飲んでもビール腹

第4章
ビールのそもそも論

「生ビールの〝生〟って何」

その昔、サッポロびん生というビールがありました。このネーミングは「びん」の「生」に商品価値があることを意味します。つまり当時の瓶ビールはほとんどが生ではなかったのです。今日はすっかり逆で、生でないほうが珍しくなってしまいました。

ところで、ビールの生とは何を意味するのでしょうか。瓶ビールのラベルの「生」という文字のそばには小さく「非熱処理」と書かれています。つまり熱処理ではないものが生なのです。

このビールの熱処理は十九世紀にフランスの化学者パスツールによって発明されました。そこで彼の名をとってパストライゼーションと呼ばれます。瓶詰め前の濾過で除去しきれなかった酵母が瓶の中で再発酵しないよう、瓶ごと行う熱殺菌のことです。ただし熱による香味の変化を最小にするため、温度を上げ過ぎないことが肝心です。具体的には約六十度の湯を三十分程度、瓶の上から浴びせ続けます。

それでも熱の影響により、少しは香味が変化します。そこで熱の代わりに酵母を濾過するという方法が考え出されました。通常の濾過の後に更に精密濾過を行って酵母を完全に除去します。香味成分まで除去しないように、直径数ミクロンの酵母だけを捕捉する特別なフィルターが使われます。NASAの浄水技術から生まれた特殊なミクロフィルターによって、昭和四十二年に「サントリー純生」が発売されました。

一方、残存酵母が再発酵を始める前に飲んでもらおう、という発想の生ビールもありました。昭和四十三年に地域限定で発売された「アサヒビール本生」です。酵母をわざと残す一方で製造日と賞味期限を表示して、それまでに必ず飲んで下さい、と注意書きを入れました。

瞬間殺菌という方法も考えだされました。パストライゼーションの効果は、きわめて大雑把に言えば、温度と時間の掛け算に比例します。高温ならば短時間で済むという理屈です。昭和三十八年発売の「サッポロジャイアンツ」は、瓶詰めの前に二十秒間だけ七十度前後にビールを加熱するという画期的なものでした。

当時のビヤホールの多くは、精密濾過をしないタイプの生ビールをタンクローリーで工場から直送していました。もちろん、これが生ビールの王道です。

一口に生ビールと言っても、いろいろあったのです。それじゃあまずかろうと業界団体で統一が模索されます。昭和五十五年にビールの表示に関する公正競争規約が施行されて、生ビールが定義されました。

ポイントは大きく三つあります。「生とは熱処理していないもの」「瞬間殺菌は熱処理に属する」「酵母の有無は無関係」ということです。

余談ですが、この時に「ラガー」という言葉も「長期間の貯蔵熟成」と定義されました。本来の意味のままなのですが、当時の酒場では「生にしますか。それともラガーですか」と使われて、生でないビールのようにイメージされていました。だから一緒に定義しておく必要があったのです。

昭和五十七年に日本消費者連盟が『ほんものの酒を』(三一書房)という告発本を出しました。その中で、日本酒のアルコール添加やウイスキーのカラメル着色などの批判と並んで「生ビールなのに酵母が生きていない」と書かれました。でもビール業界は、その二年前に定義を決めていたので、大きな問題にはなりませんでした。他の業界は弁解に追われたりして大変だったのですが、ビール業界はほとんど無風で済んだのです。

生とは加熱しないこと。単純な理屈は強いのです。

「樽なのに生じゃないビール」

日本のビールは多様化が進んでいます。クラフトビールには大手も参入してきました。急速に増えたビアパブでは、クラフトビールの樽生が何種類も飲めます。世界中から樽で輸入されるものも珍しくありません。

この樽生ビールの蛇口をタップと呼びます。クラフトファンはタップがずらりと並ぶのを見て、目を細めます。だからビアパブはタップの数を競ったりしますが、有り過ぎも問題です。鮮度管理が難しくなりますし、多過ぎて説明できないようでは本末転倒です。

さて、ここまで安易に樽生ビールと書いてきましたが、樽ビールでも生ではないことがあります。輸入ビールの樽には、しばしば「パストライズド」と書かれているのです。つまり熱処理ビールです。

ヨーロッパのビールでは、樽詰めの熱処理は当たり前です。反対にアメリカ製の樽詰めビールはノンパストライズド、つまり生のほうが多く見られます。皆さんがイメージする「樽から注がれるのは必ず生」という常識は、世界の常識ではありません。私も、これに気づいた時には何だか不満を覚えました。

もともとヨーロッパでは生であることに全くこだわりがありません。ある英語の文献では、パストライゼーションの有無は、野菜は生が好きか調理したのが好きか、という程度の個人的問題にすぎない、と書いてありました。一応、香味の違いがあることは分かっているのですね。でも関心はない。

無関心というのは、当人にとっては何もないのですが、それにこだわる第三者から見ると気になります。なんで無関心でいられるのか、が不思議でしょうがない。

卑近な例ですが、愚妻の髪型の変化についてなぜ私が無関心なのか、としばしば問い詰められるのですが、私自身では説明できないのです。もちろん、愛が冷めたわけではありません。それだけは一生懸命否定しておきます。

それはさておき、なぜヨーロッパ人が熱処理に無関心であるか、と悩んでも、それを論じた文献などは見当たりません。私見ですが、ヨーロッパの多彩なビアスタイルの香味の幅から見れば、熱処理による変化は小さすぎるのでしょう。

樽詰ビールは英語でケグ・ビアです。パブで熟成させる木樽ビールはカスク・エールですが、脱線を避けて本稿では論じません。金属製の樽であるケグから注ぎ出されるのがドラフト・ビアです。ドラフトとはラテン語の「引く」が原意だそうで、樽から引き出すのでドラフトビール。人を引き当てるのがドラフト会議。下書きをドラフトと呼ぶのも、線を引くからだそうで、つまりドラフトには「生」という意味はありません。だから熱処理された樽詰めビールでもドラフトなのです。ただし日本では昭和五十五年のビールの表示に関する公正競争規約で、ドラフトと生は同じだと定義されています。

瓶や缶の熱処理についても海外は無関心です。ノンパストライズドであると宣伝したブランドは、アメリカで八〇年代に急成長した「ミラー・ジェニュイン・ドラフト」くらいでしょう。これはサッポロビールの濾過技術を供与したもので、つまり生へのこだわりも技術も、日本は世界一なのです。

いくら世界が無関心でも、日本の生ビールが世界一なのはもっと誇るべきでしょう。だって美味いもの。

以前、上原ひろみのコンサートで、彼女がドラマーのサイモン・フィリップスを紹介する際に「とにかく日本の生ビールが大好きで〝生中〟と〝中生〟の分布を研究している」と笑いを誘っていました。ミック・ジャガーと共演し、TOTOのメンバーでもあったサイモン・フィリップスが、ですよ。やっぱり日本の生ビールは美味いのです。

「樽生ビールとガスボンベ」

ビールの炭酸ガスは、発酵によって生まれます。発酵とは、酵母が糖をアルコールと炭酸ガスに分解する現象で、この炭酸ガスがビールに溶けこんでいるのです。

飲食店の樽生ビールの機械の脇に炭酸ガスのボンベが置いてありますね。緑色の胴体に白ペンキで「炭酸ガス」という文字とビール会社の名前が表示されています。

このボンベからビールに炭酸ガスを吹き込んでいる、という誤解に時々遭遇します。そういう方は、樽にはビールの原液みたいなものが詰まっていて、お店で水と炭酸ガスを混ぜて完成、というイメージを勝手に捏造していらっしゃるのです。子どもの頃、かき氷のシロップを炭酸水で割った緑色の「ソーダ水」を縁日で飲んだ記憶がありますが、あれと似た感じですかね。違うんですよ。ボンベの炭酸ガスは、ビールに入れるものではなく、ビールを押し出すものなのです。

樽はビールが空気に触れないよう密閉されています。樽の中にボンベから炭酸ガスを送って圧力を高めると、ビールは直径五ミリのホースを通ってタップから押し出されるという仕組みです。

ガスの圧力には適正値があります。高過ぎれば泡だらけになり、低ければ出てきません。そして適正値は毎日変わります。それはビールが炭酸ガスを含んでいるからです。

樽が裸で置いてあれば、樽の中のビールは室温と同じです。夏には三十度にもなります。温度が上がると、炭酸ガスはビール中から逃げ出そうとします。そこでボンベからの炭酸ガスの圧力を高めて、ガス抜けを防ぐのです。

一方、樽が冷蔵庫に収納されていれば五度以下です。冷えていれば炭酸ガスは大人しいので、高いガス圧は不要です。それをうっかり高めると、炭酸ガスがビール中に過剰に溶け込んで、喉にピリピリ刺激が刺さる不味いビールになってしまいます。

適正値は、液温が三十度なら炭酸ガス圧約三気圧、二十度なら約二気圧、五度なら約一気圧です。ね、ずいぶん違うでしょう。

過日、樽生ビールと炭酸ガスについて二重に誤解した珍説を聞きました。

「あるバーテンダーに聞いたんだけど、カクテルは混ぜた瞬間に香りが立つんだって。ハイボールもカクテルの一種だから、バーテンに作ってもらうと香りが違うよね。お店の生ビールだって、炭酸を飲む直前に足すから美味いんだ」

香りの成分は基本的に揮発性です。別のお酒の成分や空気中の酸素と接したり、シェーカーで撹拌したりという刺激によって、揮発して香りを漂わせます。ですからバーテン氏の言う「混ぜた瞬間に香りが立つ」は正しい説明です。

ハイボールも、ウイスキーと炭酸水が接した刺激で香りが立ちます。でも近頃の氷だらけで冷やし過ぎ、薄過ぎのハイボールでは香りは立ちません。そこにレモンスライスまで挿したりして、本気でウイスキーの香りと向き合う気があるのかしら。失礼。脱線しました。

脱線ついでに申し上げれば、同じ配合のカクテルでもシェーカーで振れば香りは強く立ちますが、反対に味はまろやかになります。シェイクで生じた微細な泡が舌への刺激を緩和するので、強い酒でも角が取れてまろやかになるのです。

さて本論に戻りますが、飲食店の樽生ビールも、炭酸ガスを足したりはしていません。樽の中味は、瓶詰めや缶詰めのビールとまったく同じものです。

でも、樽生のほうが美味しいような気がするでしょ。それはビールの管理が良くて、注ぎ手の技術が素晴らしいからです。次節は、そのあたりを解説しましょう。前置きが長くてすいません。

「泡で味を制御する」

前節は、樽詰め、瓶詰め、缶詰めのビールは全部同じ中味なのに、なぜ飲食店で飲む樽生ビールは美味しいのか、と問題提起して、ビールの管理と注ぎ手の技術だという簡単な説明で終わっていました。ではもう少し深掘りします。

まずビールの管理についてですが、樽詰めビールはなんと言っても鮮度が違います。最短時間で飲食店に届くよう、メーカーも卸も小売も一丸となっています。高温や振動から守る物流上の工夫も進化しています。天候やイベントもにらんだ精緻な需要予測も、在庫を抑えて鮮度を上げるためには欠かせません。また大型ビヤホールでは工場から直接タンクローリーでビールを運んでいます。ビヤホール内に設置された千リットルも入るタンクに太いホースで送り込むのですが、その後は二十四時間も冷却・静置して炭酸ガスを落ち着かせます。スピードだけではないのです。こうした様々な仕掛けで鮮度管理が行われます。

次に管理すべきは器具の洗浄・清潔です。ビールを注ぎ出すサーバー、特にビールに直接触れるパイプやホースの内側は、ビールのエキス分がこびりつく可能性があるので、水を流しながら何度もスポンジの玉を通します。ビニールホースは三年も使えば交換が必要になりますが、つい忘れがちです。そこでビヤホール大手の銀座ライオンでは毎年四月八日が「ビヤホースの日」で、全店舗一斉にホースを交換します。この日付けは「ビヤホールの日」である八月四日の数字の裏返しなのです。

明治三十二年八月四日が日本のビヤホール発祥の記念日なのですが、現在の銀座ライオンにとっては全店舗生ビール半額、開店即満席、全社員現場フル回転という狂瀾怒涛の一日です。一番売れる日を裏返すとメンテナンス、というのは妙案ですね。

さて、いよいよビールの味を左右する注ぎ方について解説します。注ぎ手が神経を尖らせる注ぎ方のポイントは、炭酸ガスの抜き具合と泡の加減です。この二点でビールの味は変わるのです。

まず炭酸ガスについてです。ビールには二・二〜二・五気圧の炭酸ガスが含まれています。グラスに注いで泡が立っては炭酸ガスは減ります。一・六〜一・八気圧くらいまで落とせば、滑らかな喉ごしになります。逆に、真夏の一杯目ならそこまで抜かず、喉にピリピリくる刺激を残したほうが爽快感は強まります。この加減こそ注ぎ手の腕なのです。

次は泡と味の関係です。ビールの苦味成分は泡に多く含まれます、ですから、きめ細かな泡が豊かに盛り上がっていると、泡の下の液体は苦味成分が少ない、つまりマイルドな味わいになっています。反対に、泡が少なければ苦味が強く残ります。なので缶ビールを缶から直接飲めば、いつもより苦いのです。ドイツ風ビヤホールでは、ジョッキの縁から泡をあふれさせ、盛り上がった泡をヘラで切り捨て、また注いでは泡を切り、という注ぎ方をします。これだと苦味はさらに抑えられます。

上手な注ぎ手は、炭酸ガスによって喉への刺激を制御し、泡によって苦味を加減しているのです。これでビールの味の印象は大きく変わります。状況に合わせた味わいも作り出せます。

初心者には苦味を抑え、脂っこい料理を出す時は苦味を残す。今夜も蒸し暑いと見れば炭酸ガスを残し、満腹のお客様なら炭酸ガスを減らす。熟練の注ぎ手なら、このくらいは朝飯前です。

そんな注ぎ手がお客様の顔を見て一杯ずつ丁寧に注げば、美味しいに決まっています。大きなビヤホールでも、もちろん注ぎ手は常連の顔を憶えています。つまり、常連になるほど通えば、ビールは美味しくなるのです。

通ってください。

「大麦は大きいか」

あるビール教室で質問を頂きました。

「ビールは大麦から作るそうですが、大麦って大きいんですか」

意外な視点だと思ったので、他の受講者の方々に解答を予想してもらいました。

「やっぱり小麦より背が高いからでしょう」

「粒が大きいんじゃないかな」

「畑が大規模だったとか」

「いやいや、先生がわざわざ話を振るってことは、全く見当違いなんだよ。犬という字から何かの拍子で点が取れたとか」

どうも私は、難問を出してニヤニヤする性格の悪い奴だと思われているようです。失礼だなあ。

大麦は英語でバーレー、小麦はウィートです。ちなみに燕麦はオート、ライ麦はライ。ここで何か気づきませんか。そうです。日本語では○○麦なのに英語ではバラバラ。つまり欧米には「麦」という言葉が無いのです。

米以外のイネ科の主要な穀物を一括りにした「麦」という概念は、古代中国のものです。もちろん日本もこれに倣っています。では古代中国の大麦は大きかったのでしょうか。残念ながら詳細は不明です。現在は、どちらの高さも一メートル前後ですし、粒の大きさの指標となる千粒重量も三十〜四十五グラムで大差はありません。しかし栽培種なので、安易に現在から過去を類推できません。

古代中国の大麦の粒は大きかった、という説もあるようですが、出典が見つかりませんでした。また、大麦の葉は幅広く、そのせいで発芽直後は小麦より全体が大きく見えるので、これが名前の由来だ、という説もあります。

では文献での初出について、佐藤洋一郎他編著『麦の自然史』に収められた渡辺武執筆「ムギを表す古漢字」という論文からご紹介しましょう。

二世紀に後漢の許慎が著した辞典「説文解字」では、ムギを表す漢字の代表として「來（ライ）」と「麥（バク）」を挙げています。

まず「來」は、周代に歓迎された芒（のぎ）のある外来植物、と説明されています。芒とは穂の先の細い毛ですね。そしてこの形状を二麥一夆（ホウ）と説明しています。二粒の麦に芒一本とは変に感じられますが、これは大麦の特徴と考えられます。麦ご飯だと明らかですが、大麦には茶色の線があるので二粒に見えるのです。

一方の「麥」の説明は、秋播きで夏に収穫する芒のある穀物です。文字の下部の「夂（チ）」は足のことで、麦踏みを意味すると白川静が書いています。麦踏みは大麦でも小麦でも行われますから、どちらかを特定する言葉ではありません。そもそも二世紀の時点では、大麦と小麦はまだ一括りの「麦」であり、どちらかというと大麦が主役でした。

その違いの初出は、三世紀に魏の張揖が著した辞典「広雅」の次の記述です。

「大麥は麰（ボウ）なり、小麥は麳（ライ）なり」

この「麰」は前述の「説文解字」にも出てくる言葉で、麦全般を表わします。一方で「麳」は「來」が「来る」という意味も持ったので、混同を避けるために漢代に造られたと推定されます。

あらためて、古代中国における大麦と小麦の一番の違いとは何でしょうか。それは利便性でした。大麦は皮が剥がれやすいので、そのまま飯や粥として食べられます。しかし小麦は皮が剥がれにくいので製粉するしかなく、麺や饅頭に加工する必要があります。だから大麦のほうが重宝されたのです。一方で、石臼の変遷などから見て、小麦の粉食の普及は三世紀頃と推定されています。つまり、ここで大麦と小麦の違いが意識されるのです。前述の「説文解字」「広雅」と一致しますね。

中国語の「大」は大きいだけでなく、本来のもの、良いもの、という意味で使われることもあります。立派な人を「大人の風格がある」なんて言いますよね。オトナではなくタイジンと読んでください。あの「大」です。ですから大麦という命名は、本来の麦であり、そのまま食べられる良い麦だから、と考えられますよね。渡辺論文ではそこまで踏み込んでいませんが、私には納得感があります。

ところで脱線を一つ。冒頭の珍解答「犬から点を外した」についてですが、実際にイヌムギという草は存在します。食べられず、何の役にも立たないので、こんな名前になったそうです。つまり、犬死にと同じ使われ方ですね。犬が可哀そうです。私の文章も少しは役に立たないと、犬コラムと呼ばれそうです。

さらに脱線をもう一つ。ラーメン屋さんの屋号によくある「來來軒」は、いらっしゃいませという「来」ではなくて、小麦つまり麺の「來」ではないのか、という素朴な疑問です。誰か研究してくださいませんか。

「高貴なるほろ苦さ」

二〇〇八年、ドイツの若者流行語大賞では第三位に「ウンターホップト」という言葉が入賞しました。ウンターとは英語のアンダーですから、ホップの影響の下。つまりビールを飲みたくてたまらない気分のことです。大仕事が一段落したとか、炎天下の外回りから帰り着いたとか、オフィスでぼんやりしていたら五時を過ぎたとか。私はだいたい三番目の理由です。

さてホップには、抗菌作用や清澄作用、泡を豊かにする効果などがありますが、飲兵衛の関心はやっぱり苦味と香りです。

本来、苦味とは毒だという危険信号です。しかし、ビールやコーヒーでは苦味を楽しみますよね。これは学習が本能を超えた証拠ですから「大人の味」と言われるのです。味覚が鍛えられていない子供が、山菜のほろ苦さが美味い、なんて言うのは、大人受けを狙った嘘です。周囲の大人が面白がるからいけないのです。ええ、私がそうでした。

ホップの苦味成分の主役はイソフムロンです。ホップ中に存在するフムロンが煮沸工程で変化したもので、ビール中ではタンパク質やアミノ酸と緩く結合したコロイド状態になっているので、味を感じる味蕾と直接結合することが少なく、強い刺激とはなりません。しかも唾液や飲食物で簡単に流れるので、苦味が後を引きません。

この反対が、誤って濃く出し過ぎた緑茶ですね。渋味成分のタンニンが味蕾と結び付き、いつまでも口の中に膜があるように感じます。

イソフムロンは単一の物質ではなく、少しだけ構造が異なる約二十種類の集合です。ビールの苦味成分はイソフムロンの他にも存在していて、どれも微量ですが合計九十種類以上が知られています。

ビールの苦味の頂点は「高貴な苦味：エーデルビター」と呼ばれます。清冽で淡く、後に残らない上品な苦味です。ホップの中でも、このエーデルビターを生み出すアロマホップは、昔から高値で取引されてきました。

多くのホップは、香りの良いアロマホップと、苦味が強いビターホップに大別されます。アロマホップは苦味成分が少ないので、たくさん使用せねばならず、コスト高になります。しかし上等なビールには良い香りとエーデルビターは欠かせません。やっぱり美味いものは金が掛かりますね。

アロマホップだけを使用したビールの苦味成分を、ビターホップだけのビールと比較分析すると、フムロンは少なく、それ以外の微量な苦味成分の比率が高いという特徴があります。

そうです。この微量成分こそ、エーデルビターの正体なのでした。

しかし、何十という物質の集合なので、なかなか人工的に再現できません。松茸の香りは単一の物質なので再現可能で、それが粉末のお吸い物の秘密だと聞きました。しかしビールの苦味は、まだまだ自然の恵みだけなのです。

アロマホップとビターホップは種としては同じです。長年の品種改良の結果、高貴な香りと苦味を持つアロマホップと、フムロンをたっぷり作り出すビターホップへと、それぞれ進化してきました。特にビターホップは、戦後にフムロンの存在が認識され、その含有量が取引価格の指標になったことで、明確にそれを増やす方向を目指してきました。しかし、ホップの研究が進んだ結果、フムロンだけではエーデルビターは出ないと分かったのです。せっかく頑張ってきたのにねえ。

逆に、これがアロマホップの値打ちをはっきりさせました。

科学の進歩は新たな真実を明らかにしますが、必ずしも努力を肯定してはくれないのです。ビターホップに同情して一句ひねりました。

報われぬ日もありビールほろ苦く

えっ、端田らしくない、つまらない、ですって。報われないなあ。

「ホップは箱入り娘」

ホップに女性ホルモンと同じ働きがあることは、古くから知られていました。ホップは数メートルもある蔓草で、その長い蔓から松かさ状の球花を摘み取って使います。昔はこれが手作業で、収穫期には近所のおかみさんがアルバイトに来ました。何日か作業する内に、女性たちの身体に異変が起きることがあったのだそうです。

肌つやが良くなる。胸が豊かになる。閉経した女性に再び生理が訪れた、という話も聞きました。また、ホップ畑で働く男に薄毛はいない、という説もあります。確かに、私の知るホップ関係者には当てはまります。

ですから、昔からホップには女性ホルモンがあるのでは、と疑われてきました。実は、ホップに含まれるキサントフモールが、肝臓で女性ホルモンに似た物質に変化していたのです。

肝臓の解毒作用の一つにP-450酵素システムというのがありまして、もっぱら低分子有機化合物を分解しています。キサントフモールはこれで8-プレニルナリンゲニンに変化します。この物質は、女性ホルモンの17-βエストラジオールに似た作用を及ぼします。ああ、カタカナだらけで面倒くさい。意味分かんないしぃ。

とにかく、多量の女性ホルモンを補充するのと同じ効果が、ホップ摘みの女性たちに起きていたのです。

これを題材にしたジョークもあります。

「皆さん。ビールには女性ホルモン類似物質が含まれます。従って、ビールの多量摂取によって、男性でも女性化する、という傾向が観察されます。例えば、論理的思考が苦手になる。その場の感情に左右される。愚痴る。どうでもいい話を繰り返す。どうですか。思い当たるでしょう」

女性の皆様、これは単なる古典的ジョークの紹介です。端田の考えは違います。女性は論理的で感情に流されず、愚痴らず、無駄口は叩かない、と信じております。

おっと、いけない。話を戻しましょう。私は酔っ払うとこの手の話題に深入りしがちで、その挙句に叱られた経験なら、人に負けません。自慢じゃないけど。

ついでに言いますが、自慢じゃないけど、って言いながら自慢する人ってよく見ますよね。それに比べて、私の「自慢じゃないけど」は本当に自慢じゃないのです。これが正しい使い方。でも、情けないなあ。自慢できるネタはないのか。

さてホップには雄株と雌株があり、ビール用に栽培されるのは雌株だけです。何千本の畑でも全部が雌株。女性の園なのです。そしてビールに使われる球花は、必ず未受精でなくてはなりません。受精してしまうと、ビールに必要な成分が変化してしまうのです。

つまりホップ畑は単なる女性の園ではなく、生粋の箱入り娘の園なのです。

箱入り娘は守らないと悪い虫がつきます。何千という数ですから完璧に守るのは大変です。だって、聖職者のはずの教師が教え子と結婚した話なんて、どこの女子高でも必ず聞きます。だから中国の後宮で女性たちを世話していたのは、手術で男性機能を切除した宦官でした。そのくらいしないと守れないのです。

ホップの箱入り娘を守るには、畑の周囲を広く監視する必要があります。なにしろホップは風媒花ですから、その花粉は数キロも飛びます。だからその範囲に自生する雄株は、山の陰だろうと森の奥だろうと徹底的に探し出され、駆除されます。可哀想ですねえ。

そういえばアイドルグループの多くは恋愛禁止だと聴きました。だからといってスタッフやファンの男性を駆除したり切除したりはできませんから、大変ですよね。

ところでホップの花言葉をご存じでしょうか。それは「不公平」。雌株だけを優遇するからだそうです。でもホップ自身に罪はありません。ビール飲みの都合です。ホップにしてみれば、こんな花言葉こそ不公平だ、と抗議したいところでしょう。

私も女性優遇をうらやむことがあります。いろんなお酒をチャンポンした後、最後に軽くビールが飲みたくなります。注文しようとすると「レディースグラス」という文字。

ああ、女に生まれたかった。

「ビールとは何か」

ビールについて何冊も本を書いておいて何を今さら、というタイトルですが、これがなかなか難問なのです。気づかされたのは日本ビール検定のテキストを改訂した時でした。「ビールと発泡酒の違いは」と「世界一アルコール度の高いビールは」ではビールの意味が違うのです。発泡酒と比較する場合のビールは酒税法の定義に従います。一方「世界一アルコール度の高いビールは」では酒税法の範囲外です。二〇一五年時点のアルコール最強ビールはブリューマイスター社の「スネーク・ヴェノム（蛇の毒）」で六十七・五度です。しかし酒税法では「ビールのアルコールは二十度以下」なので、同品はビールではありません。でも世界最強のビール。説明が面倒ですよね。

そこでビール検定のテキストでは「あえて定義しません」と逃げました。おかげで読みやすくなりました。確かに、逃げるは恥だが役に立つ、です。

発泡酒を見れば、日本がズレているのは明白です。では、世界共通のビールの定義は、と聴かれると見当たらないのです。例えば、世界のビール醸造の科学技術面のスタンダードを管理統括するヨーロピアン・ブルワリー・コンベンションでは、ビールの苦みや色の濃さから微量成分の分析まで、あらゆる基準や測定手順などを定めていますが、ビールとは何かという単純な定義はありません。日本のビール酒造組合では、酒税法のビールの定義をそのまま紹介しています。

専門家が定義しないなら一般ではどうか、と考えて日本の辞書を調べてみました。まず広辞苑です。ビールとは「醸造酒の一つ。麦芽を粉砕して穀類・水とともに加熱し、糖化した汁にホップを加えて苦味と芳香とをつけ、これに酵母を加え発酵させて造る。発酵過程で生ずる炭酸ガスを含む。ビヤ」です。穀類を使うのは必須ではなく、むしろ本場ドイツでは邪道扱いされます。

広辞林では「オオムギを主要原料として醸造した酒。オオムギの麦芽から浸出した液にホップを加えて苦みと芳香を与え、これに酵母を混ぜて発酵させ、醸造したもの。普通は透明な黄茶色であるが、黒みを帯びた黒ビールもある」です。「麦芽から浸出した液」だと果汁がしたたるようですが、実際は乾燥した麦芽を砕いて水煮して濾過するのです。

学研国語大辞典では「大麦の麦芽じるにホップを加えてアルコール発酵させた醸造酒。アルコール分は三・五〜七パーセントで、二酸化炭素を含む。ビア。ビヤ」です。「麦芽じる」は初めて見ました。通常は「麦汁：ばくじゅう」です。アルコール分の範囲も恣意的で、根拠不明です。

新明解国語辞典では「オオムギの麦芽にホップを加えて発酵させて作る、苦みのあるアルコール飲料」です。原料の麦芽やホップは乾燥状態ですので、混ぜても何も起こりません。それがいきなり発酵するなんて飛躍し過ぎです。

日本国語大辞典では「大麦の麦芽を水とともに加熱して糖化した後にホップを加え、さらに酵母を加えて発酵させたアルコール飲料。アルコール分の希薄なものが多く、ホップ特有の苦味がある」です。一般的な説明なら良いのですが、定義としては不十分ですね。大麦やホップ以外の原料も使われますし、発酵後にホップを使う場合もあります。

結局、良い定義は見つからず、揚げ足を取るだけになってしまいました。それにしても、辞書は突っ込みどころ満載ですね。国語学者の先生方は、ビールの製法や多様性をご存じないようです。いいや、それは我々日本のメーカーのせいかもしれません。

では海外に目を転じましょう。まずはケンブリッジの百科事典を調べてみました。「ビールは、ビール、エール、スタウト、ポーターなど多様なモルト・リカーの総称」とあります。製法の説明を避けて、苦労の少ない道を選んでいます。間違いなくビールと言えるものを列挙して「総称」で締め、巧妙に「など」を使って範囲の特定をせずに済ませています。これなら失敗がありません。賢いなあ。

ブリタニカ百科事典では「穀物や植物原料からのデンプン質の発酵による多様なアルコール飲料」としています。米語辞書の代表ウェブスター辞典では「モルトとホップによるやや苦いアルコール飲料」です。英語辞書の代表オックスフォード英英辞典、通称ODEでは「酵母で発酵させたモルトから造られ、ホップで香りづけされたアルコール飲料」です。どれも、できるだけ幅広く定義して外さないように、という狙いが共通しています。前回ご紹介した日本の辞書が、ビールの製法を説明しようとして、その簡略化に苦戦しているのと比較すると、大人な感じですね。

ここから定義の方法論を巡って日本と英米との文化比較を展開するのも面白そうですが、ビールから離れ過ぎますよね。このアイディア、どなたか研究して論文を書いてください。楽しみにしています。

　こんなことに気づいた方もいるでしょう。

「だいたいビールは麦の酒って書くじゃないか。英米の辞書にもモルトやモルト・リカーという言葉が出てくるし、とにかく麦が原料だよね。ビールは麦から生まれた。だったら、ビールは麦の酒。これだけでいいんじゃないの」

　なるほど。麦の酒だと一刀両断。お見事、と言いたいところですが、そうはいかきません。なにしろ「ビールは麦の酒だ」という文章は英訳できないのです。

　そもそも欧米には「麦」という概念がありません。大麦、小麦、ライ麦、燕麦の英語はバーレー、ウィート、ライ、オートです。この四つは、欧米では全く別の植物で、麦のように便利な総称はありません。強いて言えば「穀物：シリアル、グレイン」ですが、米やキビやトウモロコシも含んでしまいます。

　イネ科植物で米以外の主要な穀物を総称する「麦」という概念は中国で生まれました。我々は当然その影響下にありますが、欧米は違います。

「ちょっと待って。ケンブリッジの百科事典に、ビールはモルト・リカーだって書いてあったよね。他の辞書にもモルトが出てきた。モルトって麦芽だよね。麦じゃないか」

確かにモルトは慣用的に麦芽と訳します。しかしそれは、発芽させて乾燥保管する穀物の代表が大麦だったからです。モルトの訳語には、麦芽の他に「穀物を発芽させたもの、穀物もやし」もあります。バーボンの原料の一つであるモルテッド・コーンは、トウモロコシが発芽したものです。トウモロコシも発芽によって酵素が増え、発酵に適するようになるのです。これもモルトです。

「麦からビール、って当たり前の原点だと思っていたのになあ」

お気持ちはお察ししますが、麦という概念がないのは、文化の違いですから仕方ありません。だから「ビールは麦の酒だ」と欧米人に押し付けても絶対に理解されません。「麦を通せば道理引っ込む」のは日本だけなのです。

今度は方向を変えて、西洋文明とは異なるビールを探ってみましょう。大航海時代以降、西洋人は様々な異文化と接触し、初めての酒と出会いました。その中から彼らがビールとして紹介している酒を紹介します。

中南米にはトウモロコシのお酒が幾つもあります。代表的なのはアンデスのチチャやメキシコのテスキーノです。これらはトウモロコシのデンプンを糖化し発酵させる低アルコールの醸造酒です。これらを観察した西洋人はビールとして記録しました。今日でもコーン・ビアと総称されます。

アフリカでも麦以外の穀物からお酒を造っています。南アフリカのウムコンボチやチブク、ザンビアのイブワツ、コンゴのブルキナファソなどです。原料はコウリャン（別名ソルガム）、シコクビエ、トウジンビエなどで、そのデンプンを糖化し発酵させる低アルコールの醸造酒です。これらもビールと紹介されます。イブワツの別名はスウィートビール。チブクもザ・ビア・オブ・アフリカと呼ばれます。

要するに原料がトウモロコシでもコウリャンでもヒエでも、西洋人にはビールだということです。

それでは最初に日本文化を紹介した西洋人は、日本の酒はどう書いているでしょうか。以下六例を古い順にご紹介しましょう。

カール・ツンベルクはスウェーデンの博物学者で、長崎オランダ出島の商館医として一七七五年から一年間滞在しました。彼の『日本紀行』の一節です。

「サケは米から造ったビールの一種で、澄んでゐて、葡萄酒に似てゐる。その味は独特なもので、私にはどうも至って美味いとは云ひ兼ねる」

ヘンドリック・ドゥーフは一八一〇年頃の出島のオランダ商館長です。本国からの物資補給が途絶えたため、日本で初めてビール醸造を試みました。彼の『日本回想記』から紹介します。

「予は此機会に於て酒及醤油につきて一言説明すべし。前者は米から醸した強きビールにして、蒸留せしものにはあらず」

一八二四年に出島の商館医として来日したシーボルトの『日本交通貿易史』から二個所を引用します。

「毎常の食事には茶と米のビール（酒：Ｓａｋｅ）とを飲み、単一なる米食魚食にソーヤソース（醤油）・生姜・胡椒・山椒・芥子を以て味をつけて、それに加えて、塩したる大根・或は塩味なる根類果実を取り」

「国人の好む酒は本来、米より醸したるビールなり。少許飲まるる焼酎という火酒は甘藷と穀物とにて蒸留するなり」

プロイセン政府の特命全権公使として来日し、一八六一年に修好通商条約を締結したフリードリヒ・オイレンブルグの『日本遠征記』です。

「飲料としては小さな器に酒（Ｓａｋｉ）がつぎつぎに回された。これは度の強い米のビールで（後略）」

イザベラ・バードは英国の女性旅行家で、一八七八年に初来日しました。彼女の『日本奥地紀行』から日光を描いた一節です。

「客には小さなコップに入った米で造ったビール、つまり酒が必ず振る舞われる」

一八二〇年に出島のオランダ商館員だったオヴェルメール・フィッセルの『日本風俗備考』です。

「酒、すなわち米のビールはほとんど必ず温めて飲む」

いかがでしょう。日本酒は米を原料としたビールの一種。ライス・ワインではなく、ライス・ビアなのです。これを中南米やアフリカの事例と合わせて考えると「穀物原料の醸造酒がビール」と定義できそうです。「果実からワイン」と並べて考えれば簡単明瞭でしょう。定義はシンプルなほうが良いのです。

ところでタンザニアにウランジという酒があります。竹の節の中の水分が自然発酵した酒でバンブー・ビアと呼ばれます。

あれっ、竹って穀物かしら。

あとがき

この本を読んだら、ビアフェスティバルに出かけてみてください。何十ものブルワリーが集合して、百を超えるビールが出品され、何千、何万という人が笑顔でビールを楽しんでいる光景を目にすることができます。

福沢諭吉がビールを「胸隔を開く」つまり胸襟を開く、腹を割って友達になれる酒だと紹介したように、ビアフェスの会場では、ビール好き同士の会話があちこちで咲き誇っています。私自身も、人気ブルワリーの行列で「さっき○○のＩＰＡにも並んでいらっしゃいましたよねえ」なんて話しかけられたことがあります。ブルワーの説明を聴く輪に入り込んで、知らない同士が感想を言い合って楽しんでいる場面には何度も遭遇しました。

ビアフェスティバルはプロレス会場に似ています。ファン同士が、マイナーな趣味の仲間として親しみを感じ、許し合いつつもつい蘊蓄合戦をしてしまうのです。あのレスラーの若い頃はね、と同じように、この醸造所の立ち上げの頃はね、という昔話が自慢の種になります。体験と知識を延々と披露し続けます。大事なのは味のはずですが、もっと語りたいことがあるのです。それだけ愛が強いのですね。

大手ビールを否定することで愛の強さを表現する、というタイプの方も以前はお見かけしました。大量生産は全否定で、手造りが一番。ピルスナーは料理と響き合わない、なんて言うのです。私が大手メーカーの社員だと知ると、故意に突っかかって来られる方もいました。プロレスと格闘技はどっちが強い、みたいな話で疲れます。でも、そんな主張に出会うのも、今日では少なくなりました。やはりクラフトブームが起こってマイナー感が薄れたからでしょうね。理解されない少数派ほど過激に走るものです。

これも、ビールは多彩なものだという認識が広まってきたおかげでしょう。大手もクラフトも、国内も海外も、エールもランビックもピルスナーも、瓶も缶も樽も、生も熱処理も、発泡酒も第三も、大麦も小麦もライ麦も、高アルコールもノンアルコールも、澄んだのも濁ったのも、黄金も琥珀も漆黒も、苦味も酸味も、フルーティーもハービーも、コクもキレも喉ごしも、全てが広義のビールです。

中には、あなたの嗜好に合わないのもあるでしょう。でも、誰かにとっては最高なのかもしれません。ビール評論家マイケル・ジャクソンは、欠点が多いビールでもけなしたりしなかったと言われています。

全てのビールを愛しましょう。そして、酔っ払いにも少し愛をください。

端田晶

参考文献

『サッポロビール120年史』サッポロビール㈱広報部社史編纂室編　サッポロビール
『キリンビールの歴史新戦後編』キリンビール㈱広報部社史編纂室編　キリンビール
『アサヒビールの120年』アサヒビール㈱120年史編纂委員会編　アサヒビール
『地ビールの世界』マイケル・ジャクソン　田村功訳　㈱柴田書店
『クラフトビール革命』スティーブ・ヒンディ著　和田侑子訳　DU BOOKS
『ビールはゆっくり飲みなさい』藤原ヒロユキ　日本経済新聞出版社
『ビールの図鑑』一般社団法人日本ビール文化研究会監修　日本ビアジャーナリスト協会監修　マイナビ
『のどがほしがるビールの本』佐藤清一著　講談社
『ビールうんちく読本』濱口和夫著　PHP研究所
『ビール醸造技術』宮地秀夫著　食品産業新聞社
『ビールの科学』渡淳二監修　講談社
『ビール世界史紀行』村上満　㈱筑摩書房
『英国ビール産業発展史』K・H・ホウキンス、C・L・バス、杉山書店
『ビールと日本人』キリンビール編　三省堂
『朝日対毎日』邑井操著　東京ライフ社
『泉麻人の大宴会』泉麻人　新潮文庫

『ギネスの哲学』　スティーヴン・マンスフィールド著　おおしまゆたか訳　英治出版
『米国ビール業界の覇者』　山口一臣　文眞堂
『酒づくりの民族誌』　山本紀夫・吉田集而　㈱八坂書房
※本文中に書名を紹介したものは除いています。

Profile
端田 晶（はしだ・あきら）

1955年、東京生まれ。慶應義塾大学卒。サッポロビール文化広報顧問。また日本ビール文化研究会理事顧問として「日本ビール検定」監修、執筆、講演、マスコミ出演などを通してビール文化の啓蒙に取り組んでいる。通称『びあけん顧問』。「小心者の大ジョッキ」（講談社）、「ぷはっとうまい日本のビール面白ヒストリー」（小学館）など著書多数。

ビール今昔 そもそも論

2018年7月17日　初版発行

著者　端田 晶
発行人　佐藤俊和

発行所　ジョルダン株式会社
〒160-0022 東京都新宿区新宿2-5-10
電話　03(5369)4058

印刷所　図書印刷株式会社

装丁・デザイン　川崎和佳子（デジタルライツ）
編集　デジタルライツ

ISBN978-4-915933-59-2 ©AKIRA HASHIDA 2018